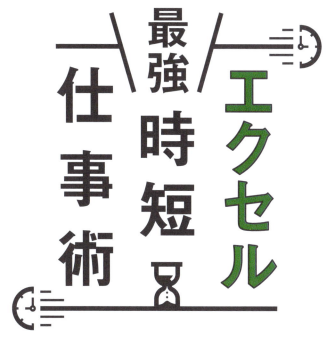

エクセル最強時短仕事術

瞬時に片付けるテクニック

守屋恵一 著

技術評論社

＜特別記事のダウンロードについて＞

本書をご購入のみなさまには、本書サポートページより次の記事をダウンロードしてお読みいただけます。

＜お読みいただける記事＞
・関数応用例
　- 月ごとに過去10日分の売上の平均値を毎日チェックしたい
　- 生徒の成績から偏差値を求めたい
　- 使い回せる住所データの簡単入力方法はこれだ！
　- 郵便料金のように段階的に料金の変わる表で値を求めたい
　- 文字列から一部を取り出して、別の表と照合したい
　- 文字や数字の入り交じった文字列から数字だけを取り出すには
・マクロ応用例
　- Excelで作成したアドレス表からメールを自動送信したい
・ピボットテーブル
　- そもそもピボットテーブルって何に使えばいいの？
　- 表はリストに変換しないと使えない！

＜ダウンロード方法＞
　本書サポートページからダウンロードページに進み、該当記事のリンクをクリックし、パスワードに「ExcelSaikyoJitan2019」（すべて半角）を入力します。

＜本書サポートページ＞
https://gihyo.jp/book/2019/978-4-297-10557-0

＜本書をお読みになる前に＞
●本書は Office 365 版 Excel（Windows 版）で誌面作成をしています。ほかのエディションでは操作が異なったり、機能そのものがない場合もあります。あらかじめご了承ください。
●本書に記載された内容は、情報の提供だけを目的としています。したがって、本書を用いた運用は、必ずお客様自身の責任と判断によって行ってください。これらの情報の運用の結果について、技術評論社および著者はいかなる責任も負いません。
　本書記載の情報は、2019年3月現在のものを掲載していますので、ご利用時には、変更されている場合もあります。
　本書のソフトウェアに関する記述は、特に断りのないかぎり、2019年3月現在での最新バージョンをもとにしています。ソフトウェアはバージョンアップされる場合があり、本書での説明とは機能内容や画面図などが異なってしまうこともあり得ます。本書ご購入の前に、必ずバージョン番号をご確認ください。
　以上の注意事項をご承諾いただいた上で、本書をご利用願います。これらの注意事項をお読みいただかずに、お問い合わせいただいても、技術評論社および著者は対処しかねます。あらかじめ、ご承知おきください。
●本文中に記載されている製品の名称は、すべて関係各社の商標または登録商標です。本文中に™、®、©は明記していません。

本書を読む前に

　書店に行くとわかりますが、エクセルの解説本は大量に出版されています。超初心者向けの本から、特殊な用途にエクセルを使っている人向けの本まで、内容もさまざまです。

　私もこれまで20冊ほど初心者、初中級者向けを中心に、エクセルの本を構成・執筆してきました。それでわかったのは、エクセルというのは操作そのものもさることながら、使い方が難しいアプリだということです。エクセルには大変多くの機能が搭載されており、計算ができるのはもちろん、集計用紙のように数値や文字をきれいに並べて表示・印刷することもできますし、さらにはワープロソフトの代わりもできます。中には、エクセルで絵を描いてしまう猛者もいます。

　機能が充実しているということは、目の前の業務にどの機能を使うのがよいか、迷いやすいということでもあります。たとえば、単純なセルのコピー＆ペーストにしても、ショートカットキー、右クリック、リボンの3種類の操作方法があります。行ごとデータをソートしたいとき、1行ずつカット＆ペーストする人もいれば、そのまま［並び替え］を使う人、表をテーブルに変換してからソートする人もいます。時間のかかる方法や短時間でできる方法などの区別はありますが、どの方法を選ぶのが正しいかはケースバイケースで一概には決められません。

　しかし、業務をなるべく早く終わらせたいなら、だいたいの場面で選ぶべきなのはこれだといえる方法はあります。本書では、それを集めています。マスターして使いこなすことで、あなたもぜひ業務の時短を実現してください。

エクセルにおけるデータの基本的な考え方

　具体的な操作方法の解説に移る前に、本書の基本的な方針を3つ述べておきます。まず、**エクセルで見た目を気にしすぎるのはよくありません**。モノクロの表よりカラーの表、数値のみの資料よりグラフ入りの資料のほうが読みやすくて理解しやすく、上司や取引先のウケもいいでしょう。部外者にわかりやすく伝えたいときは、デザイン面で頑張って、フォントや色などに凝ったとしても無駄ではありません。

　しかし、毎日顔を合わせている同僚だけが見る資料まで、見た目を整え

るのに頑張る必要はありません。データが判別しやすくなるよう、合計の値が入るセルの背景色を目立つ色にするのはいいとしても、表の罫線の種類をいちいち変更して、印刷したときに罫線でも判別できるようにするような努力は、だいたい無駄です。

　また、表を見やすくするため、セル結合やセル内改行などの機能を使ったために、その表の編集がしにくくなったり、ほかのアプリでの読み込みに障害が起こることもあります。多くの業務では、データを入力して印刷したら、そのデータは不要、ということはありません。入力したデータは保存し、折に触れて編集し、あるいはほかのスタッフの手に渡り、さらには数百人の社員がそのデータを利用することも稀ではないでしょう。そういう場面で重視されるべきなのは、データが正しいことを除けば、データがいろいろな形で利用できることです。つまり、加工しやすいデータこそ、もっとも望まれるのです。見やすさを追求して作ったデータは、その点で歓迎されません。具体的にいうと、「リスト形式」と呼ばれるような1行1データで、細かく列がわかれていれば、再利用が簡単です。

　見た目を整えることをすべて否定するつもりはありませんが、それより重要なことがないか、作業する前に考えたほうがよいでしょう。

ショートカットキーさえ使えればいいわけではない

　基本的な方針の2つ目に、反・ショートカットキー至上主義を挙げます。エクセルの本の中には、半分くらいショートカットキーの解説になっているものがあります。確かに、ショートカットキーは便利ですし、時短には必須のテクニックです。シートをドラッグして選択し、右クリックからダイアログを呼び出して、カチカチとクリックするのを見ていると、この人は実は暇なんじゃないかと思ってしまうこともあります。マウス操作は、パソコンの使いこなしを劇的に容易にした仕組みですが、時短との相性は最悪です。大半の操作は、可能な限り、キーボードだけでやるべきです。そのために、ショートカットキーを覚えておくのはもちろん悪いことではなく、必須といってもいいでしょう。さらにいうなら、「アクセスキー」を使いこなすと便利です。Altキーから英数字キーを次々と押していくことで、多くの機能をキーボードだけで実現できます。よく利用する機能にショートカットキーが用意されていない場合、アクセスキーを使うのも便利です

（ただし、残念ながら、Mac版エクセルには用意されていません）。

そこまでを念頭にあえていうなら、ショートカットキーを覚えて使いこなすだけで時短が完結するということはありません。ショートカットキーで実現できる時短には限界があるのです。**ショートカットでなんでもやろうと考えずに、エクセルやパソコンに判断や処理をさせることができると時短の効果はものすごく高くなります**。たとえば、特定の条件に適合したセルのみ文字色を変更する場合、Ctrlキー（Macでは⌘キー）を押しながらクリックし、Ctrl＋1キー（Macでは⌘＋1キー）で［セルの書式設定］ダイアログを呼び出してTabキーとSpaceキー、Enterキーを使えば、かなり高速に作業を実行できます。しかし、文字色を設定すべきセルが数千もあったら、どうでしょうか。この作業だけで半日が過ぎてしまうでしょう。こうした場合、特定の文字列を含むセルや上位10％のセルに書式を設定したいなら、条件付き書式で、あっという間に作業は終わります。さらにたとえば、「ここは重要だから、行全体に背景色を設定しておこう」と思ったら、重要な行をいちいち右クリックして［セルの書式設定］ダイアログから設定するのではなく、特定の列に「重要」というキーワードを入れたら、自動的にその行全体の背景色が変わるようにしておくと、かなりの時短になります（この方法であれば、元に戻すのも一瞬ででき、「重要」というキーワードを削除すれば、その行はすぐに元の背景色に戻ります）。

マクロも恐れず使っていく

3つ目の基本的方針は、マクロについてです。エクセルのマクロについては、積極的に使うことに否定的な意見もあります。もちろんいくらマクロが得意でも、自分以外はメンテナンスできないような規模のマクロを業務の重要な部分で使うのは考えものです。引き継ぎが不可能になってしまうからです。また、セキュリティ上の問題もあります。あまりセキュリティに注意を払わない職場でマクロを当たり前のように使っていると、パソコンにマクロを悪用したマルウェアを呼び込んでしまうきっかけになりかねません。

ただ、それらに注意して、**自分だけが主に使う書類や、マクロのセキュリティについて理解している現場で使うなら、時短のためにマクロを使うのはメリットが非常に大きい**のです。ほかのアプリからコピー＆ペースト

した文字列にふりがなを振る場面を想定してみましょう。エクセルで入力した文字列ならPHONETIC関数で読みがなを取り出せますが、コピーした文字列には読みがなのデータが入っていないため、PHONETIC関数は使えません。そうかといって、いちいち入力していては大変です。こんなときにマクロに用意されているコマンドを使った関数を作れば、大変な省力化になります。

　たとえば複雑な表を作れるようなマクロは、長い目で見たときに業務にとってマイナス要因もあるので、本書では推奨しません。しかし、キーボード入力をそのまま記録するマクロをベースにすると、非常に便利なものを作ることも可能です。マクロだからと尻込みせず、場面に応じて積極的に使っていくのがおすすめです。

もっとも重要なのは常に改善すること

　最初に述べたように、エクセルの機能は非常に豊富です。本書で触れたのはごくわずかでしかありません。本書で紹介したテクニックが万一時短にあまりつながらなかったとしても、ほかのテクニックが役立つかもしれません。時短に限らず、業務の改善においてもっとも重要なことは、常に改善し続けるのだという意思を持って行動することです。もしかしたら、もっと複雑なマクロを組むべきかもしれないし、エクセル以外のアプリを使うべきかもしれません。それらの解説は他書に譲りますが、エクセルでできる時短の第一歩として、本書がみなさんの役に立つものと信じています。

守屋 恵一

本書の読み方

　もっとも時短につながりやすいテクニックは、第2章の「書式設定」と第6章の「さまざまな時短技」に集めています。第2章のテクニックを知っていれば、エクセル初心者だと数時間かかる作業を、数分で済ませてしまうことも可能です。また第6章は、「この手の本は前半だけ読めばいい」と考えている人にもぜひ読んで欲しい内容です。この章の内容が業務とマッチしていれば、大きく作業時間を減らせるはずです。

　セルの値を入力・編集する場面が多い人には第1章の「入力・編集」ももちろん必読です。第3章の「関数」は、無味乾燥になりがちなテーマですが、できるだけ実践的な状況を解説しました。そのほか、必要にならないとなかなか実際に試すことがない「グラフ」は第4章に、思い通りに出力できずに時間が経過することが多い「印刷」は第5章でまとめて解説します。

第1章 もっとも時短効果の高い入力・編集をマスターする

- 01 入力時にはマウスに絶対触らない ……… 12
- 02 移動したいセルに一瞬で移動するには ……… 14
- 03 一度入力した文字列は次からタイピング不要 ……… 16
- 04 連続する数値の入力はエクセルに任せる ……… 17
- 05 オートフィルで(日)(月)(火)などと入力できない？ ……… 23
- 06 キーボードが苦手な人でも面倒な文字列を楽に入力するには ……… 25
- 07 いくら注意しても全角と半角を間違える人がいて困る ……… 27
- 08 複数のシートの同じセルに同じ値を簡単に入力したい ……… 29
- 09 ほかのシートを素早く表示させるには ……… 30
- 10 Ctrl+C → Ctrl+V 以外のコピー＆ペーストでさらなる時短 ……… 31
- 11 意外と面倒な行の入れ替え・移動を簡単に実行するには ……… 32
- 12 行や列の幅が異なる表を1つのシート上に配置したい ……… 34
- 13 オートフィルよりも簡単に関数を1000行分コピーしたい ……… 36
- 14 1行おきに行全体を削除するには ……… 38
- 15 オートフィルより簡単な方法で規則的にセルを埋めたい ……… 41
- 16 横に長い表に入力するのが面倒なので、どうにかしたい ……… 43
- 17 複雑な表にすばやく入力するには入力専用シートを作成する ……… 45
- 18 重複したデータがないかをチェックしたい ……… 48
- 19 セル幅や罫線・フォントなど値以外をコピーしたい ……… 50
- 20 姓名を分離したデータにしたい ……… 53
- 21 配布したブックで必要ない箇所を変更されないようにしたい ……… 56

第2章 工夫すれば百人力！書式設定のツボを知っておく

- 01 表の見出しを常に表示しておく ……… 60
- 02 セルの行の高さはまとめて調整する ……… 61
- 03 お金の計算時に単位の「円」を入力してはいけない ……… 62
- 04 郵便番号の区切りの「-」は入力してはならない ……… 64
- 05 セルの背景色を直接設定してはいけない ……… 66
- 06 セルの背景色や文字色を一括して変更したい ……… 69
- 07 表示形式の「#,##0」と「#,###」はどう違う？ ……… 71

08	セル結合という機能は忘れよう	72
09	勤務時間を足して、正しい時間を得るには	75
10	縦横に長い表の見通しを良くするには	76
11	カレンダーで土曜日はセル背景を青に、日祝は赤にしたい	78
12	セルの値が数値なのか数式なのかをひと目で知りたい	82
13	書式を文字列に設定せずに先頭に0が来る数字を表示したい	84
14	字下げしたいときにスペースを使ってはダメ！	86
15	分数を入力し、さらに計算する方法を知りたい	88
16	桁数の多い金額を千円単位や百万円単位で表示したい	90
17	通貨の表示形式をロシア風に変更したい	92

第3章 難関の数式・関数もこうすれば楽勝

01	数式・関数を使う前に知っておくべきこと	96
02	絶対参照と相対参照を正しく使い分けるには	102
03	合計や平均などを知りたいときにいちいち関数を入力するのは無駄！	104
04	範囲指定をもっと楽にする一番の早道はどれ？	106
05	エクセルで簡易データベースを実現するには	107
06	市の名前を入力したら都道府県の名前も表示されるようにしたい	110
07	VLOOKUP関数は「出来の悪い関数だ」と知っておく	111
08	IF関数では入れ子が多くなりすぎて使いづらい	112
09	関数を使わずに2つのセルの値が同じかどうか判断する	115
10	小計を求めるのに関数を手入力してはいけない	117
11	異常値を除いた平均値を簡単に算出するには	120
12	宝くじを1枚買ったときの払戻金の期待値はいくら？	122
13	通常の平均の出し方では正しく求められないときはどうする？	124
14	セル内改行が邪魔なので一括で改行を削除したい	127
15	数式や関数がどのセルを参照しているかを調べるには	129
16	特定の文字列を含んだセルの数をカウントするには	131
17	「1+43.1-43.2」が0.9にならない？	132
18	重くて動かないエクセルファイルを動かす奥の手は？	134
19	数式・関数を入力したら、値ではなく数式そのものが表示された！	135
20	エラー表示そのままではカッコ悪い！	136

第4章 説得力が倍増するグラフを素早く作る

- 01 まずは「おすすめグラフ」でグラフを作ってみる …… 142
- 02 グラフにタイトルや軸ラベルを追加する …… 144
- 03 軸の目盛間隔を変更する …… 146
- 04 強調したい箇所の色を変更して目立たせる …… 148
- 05 折れ線グラフを縦に引きたい …… 150
- 06 折れ線グラフの途中から線種を変更する …… 152
- 07 棒グラフと折れ線グラフを同じグラフ内に描きたい …… 155
- 08 円グラフをもっとわかりやすくしたい …… 157

第5章 手際よく思い通りに印刷する

- 01 印刷設定のミスを印刷前に見つける …… 164
- 02 コスト削減のためにカラープリンターでモノクロ印刷したい …… 165
- 03 印刷トラブル防止にセル幅や文字サイズ調整は"禁じ手" …… 166
- 04 各ページにタイトル行を印刷したい …… 168
- 05 エクセルのない環境でも正しく印刷してもらうには …… 170
- 06 各ページに印刷する範囲を細かく決めておきたい …… 171
- 07 大きな表の一部だけ印刷できる？ …… 172
- 08 印刷時のみ適用したい設定がある …… 174
- 09 印刷したときのセルの大きさを印刷前に計算したい …… 176
- 10 シートの背景に「部外秘」などの画像を配置したい …… 178
- 11 小さい表を用紙の中央に印刷したい …… 181
- 12 通常は印刷できないものも印刷したい …… 182
- 13 複数のシートを一度に印刷するには …… 184

第6章 さまざまな時短技で作業時間を一気に短縮

- 01 ショートカットキーを覚えてはいけない！ …… 186
- 02 好きなキーでショートカットを実行する …… 189

03	ショートカットキーが存在しないならショートカットキーを作る	192
04	たくさんシートの入ったブックで右端のシートに移動したい	196
05	ショートカットキーでは便利にならない機能はどうする？	198
06	複数の表を1つにまとめる作業をもっと効率よくするには	199
07	1つのブックを複数の人で同時に編集できない？	201
08	ひな形を上書き編集してしまう人がいて困っている	203
09	表に必要な要素はテーブルですべて揃う	204
10	複数の基準でデータを並べ替えるには	206
11	特定の条件にあったデータのみ表示したい	208
12	抽出したデータのみを対象にして計算するには	210
13	作成者の個人情報を削除したい	212
14	コピー不可能な状態でブックを送信したい	214
15	たくさんシートのあるブックで、一瞬で目的のシートに移動したい	216
16	エクセルを開いたら必ず同じシート、同じセルを選択状態にしたい	218
17	ふりがなデータを持たない文字列にふりがなをふるには	220

あとがき……………………………………………………………… 223

第 1 章

もっとも時短効果の高い入力・編集をマスターする

本書では、まずデータの入力とセルの編集作業の高速化から話を始めます。入力作業を時短できるかどうかは、細かいテクニックをどれだけスムーズに使いこなせるかにかかっています。マウス中心の操作を卒業し、ショートカットキーを使ったキーボード中心の操作にたどり着ければ、第一歩としては上出来でしょう。あとは、ちょっとした設定を駆使して、ミスを防ぎ、余計な手間がかからないようにします。

また、データの作成時には再利用性・加工のしやすさを重視しましょう。見た目のわかりやすさを求めるのは、その次で十分です。入力したそばから背景色を設定したりフォントの大きさを変更したりしていては、作業速度が上がりません。まずは白地に文字や数字だけが単純に並んでいる状態のデータを作るのが優先です。さらに、文字データを入力する際には、できるだけ細かく分離して入力するのがおすすめです。エクセル上でデータを結合するのは簡単ですが、分離は面倒なのです。住所なら都道府県、市町村、町名、番地、建物名のようにバラすべきです。会社の所属なら事業部、部、課、グループなど分離できるものはすべて分割しておきましょう。

1-01 入力時にはマウスに絶対触らない

エクセルの操作をスピードアップする第一歩は、できるだけマウスに触らないようにすることです。マウス操作が遅い人ほど、キーボード操作中心に切り替えたときのスピードアップを体感できるはずです。

アクティブセルはマウスに触らず移動する

　エクセルだけでなく、パソコンの操作一般にいえるのですが、**マウス操作よりキーボード操作のほうが時短につながります**。マウスを使うと、マウスポインターの位置を探したり、目的の場所になかなかマウスポインターを合わせることができなかったりして、時間のロスになってしまいます。特に、タッチパッドの小さなモバイルノートでは、マウス操作にかかる時間が増える傾向にあります。また、リボンのアイコンを探したり、深い階層にあるメニューを掘り起こしたりするには手間がかかります。

　マウスの代わりにキーボードを使えば、そういった時間のロスや手間を省略できます。現在選択されているアクティブセルを移動するのに、わざわざマウスを触っているのは、時間の無駄です。ぜひキーボード操作でサクッとやってしまいましょう。なお、ここに紹介したキーの組み合わせ以外にも、アクティブセルを移動できるものがあります。気になれば、調べてみるといいでしょう。

● アクティブセルの移動はキーボードから

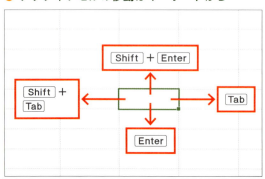

アクティブセルを移動するには、Enterキーと Tabキー、Shiftキーを組み合わせて行う

入力時にはマウスに絶対触らない

表の中にアクティブセルがある場合、Ctrlキー（Macでは一部⌘キー）とカーソルキーや Home 、End キーとの組み合わせで簡単に移動できます。

● 表の中で移動するにはカーソルキーを使う

Macでは、controlキー＋←または→で操作スペースが切り替わるため、⌘キーとcontrolキーが混在する。なお、エクセルが表だと認識できない場合は、思った場所にアクティブセルが移動しないときがある

アクティブセルの移動をマスターしたら、セル選択のキー操作もマスターしておきましょう。まず重要なのは、カーソルキーと Shift キーの組み合わせです。Shift キーを押しながらカーソルキーを押すと、選択範囲が拡張されます。また、カーソル移動のうち、Ctrl キー（Macでは一部⌘キー）を使う操作もセル選択の省力化に役立ちます。

● セルを選択するときもキーボードから

キー操作	結果	キー操作	結果
Shift + →	右のセルも併せて選択	Ctrl + Shift + →	アクティブセルから表の右端まで選択
Shift + ←	左のセルも併せて選択	Ctrl + Shift + ←	アクティブセルから表の左端まで選択
Shift + ↑	上のセルも併せて選択	Ctrl + Shift + ↑	アクティブセルから表の上端まで選択
Shift + ↓	下のセルも併せて選択	Ctrl + Shift + ↓	アクティブセルから表の下端まで選択
Ctrl + Space	アクティブセルを含む列を選択	Ctrl + Shift + End	アクティブセルから表の右下のセルまでを選択
Shift + Space	アクティブセルを含む行を選択	Ctrl + Shift + Space	表全体を選択

Shift + Space は、日本語変換がオフになっているときのみ使える（Windowsのみ）

1-02 移動したいセルに一瞬で移動するには

時短40分

シート上に複数の表があって入力・参照する場所が分かれている場合、いちいちマウスで移動していては不便です。特に、入力・参照する場所が離れていると、アクティブセルを移動するだけで時間がかかってしまいます。そこで、瞬時に別のセルへジャンプする方法を覚えておきましょう。

移動したいセルに一瞬で移動するには

「いつも参照したい表が複数あるのだが、それぞれ離れているので移動が大変……」という場合、**セルに名前を付けて移動する**方法があります。**移動先のセルを選択しておき、［名前］ボックスに適当な文字列を入力するだけで設定は完了**です。あとは、［名前］ボックスから移動先を選択するか、［ジャンプ］ダイアログを表示して選択します。移動先はもちろん複数登録できますし、**別のシートのセルにも一発で移動**できます。

名前を付けられるのは、単独のセルだけでなく、セル範囲も可能ですが、移動先として登録する際はセル範囲で名前を付ける必要はないでしょう。あまり利用する機会はないかもしれませんが、離れたセルをまとめて名前を付けることもできます。

● 参照先のセルを選択する

参照したい表のセル（この例ではA1）を選択し（❶）、［名前］ボックスをクリックする（❷）

第1章 もっとも時短効果の高い入力・編集をマスターする

02 移動したいセルに一瞬で移動するには

● 任意の名前を付ける

参照先のセルに付けたい名称を入力し（❶）、Enter キーを押す。これで名前が登録された

●［ジャンプ］ダイアログで移動先を選択する

表を参照したいタイミングで、Ctrl＋Gまたは F5 キーを押す。すると［ジャンプ］ダイアログが開き、利用可能な移動先の一覧が表示される。この中から名前を選んでダブルクリックすると（❶）、その場所へアクティブセルが移動する

●［名前］ボックスからも移動できる

［名前］ボックスの右にある［▼］をクリックし、表示される一覧から名前を選択して（❶）、そのセルへ移動することも可能だ

ATTENTION

　残念ながら、［名前］ボックスにフォーカスを移動するショートカットキーは用意されていません。キーボードだけで操作したいなら、Ctrl＋G キーで［ジャンプ］ダイアログを呼び出し、Tab キーとカーソルキーで移動先を選択することになりますが、やや面倒です。

1-03 一度入力した文字列は次からタイピング不要

時短40分

エクセルに限りませんが、同じ操作の反復をできるだけ避けることが時短に繋がります。同じ列に同じ文字列を入力しなければならないときは、ショートカットキーを使います。

文字列を1つの列に入力するのは一度きり

キーボードからの入力が遅い人は、タイピングの練習をすればいい。そう思っていませんか。確かに、タッチタイピングがおぼつかない人は、キーを見なくても入力できるようにすべきでしょう。しかし、タイピングの練習をすればするほど、どんどん入力速度が上がっていくかというと、そうでもないようです。短距離走を練習してもスピードが上がり続けることがないように、タイピングの速度は人によって上限があると考えたほうがいいでしょう。スムーズに入力できていれば、それで良しとすべきです。

しかし、エクセルを使った業務では、現在以上のスピードを求められることも少なくありません。そういうときは、**キーを叩く回数を減らすほうに考え方を変えるべき**です。ショートカットキーを使うのも1つの手です。ここでは、同じ列に同じ文字列を何度も入力する場面を想定してみます。社員名簿で所属部署を入力していきます。

● ドロップダウンリストから入力する

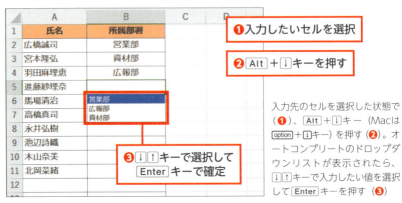

❶入力したいセルを選択

❷ Alt + ↓ キーを押す

❸ ↓ ↑ キーで選択して Enter キーで確定

入力先のセルを選択した状態で（❶）、Alt + ↓ キー（Macは option + ↓ キー）を押す（❷）。オートコンプリートのドロップダウンリストが表示されたら、↓ ↑ キーで入力したい値を選択して Enter キーを押す（❸）

1-04 連続する数値の入力はエクセルに任せる

時短60分

表に番号を振りたいとき、コツコツとキーを叩くのは最悪の選択肢です。もちろん、ランダムな数字を入力しなければならないのなら仕方ありませんが、連続した数値など何らかの法則があるなら、別の方法を考えましょう。

4種類の入力方法を使い分けよう

　数値を大量に入力したいときは、テンキーのあるパソコンを使うと便利です。もしテンキーのないキーボードを使っているなら、USB接続などの外付けテンキーを購入するといいでしょう。ほぼすべてのパソコンで使えます。

● USB接続のテンキーを使う

写真はエレコム「TK-TCP018BK」（実勢価格：1700円）。パソコンのUSBポートに接続するだけで利用でき、数字を効率よく入力できる。なお、この製品はWindows/Macの両方で使えるが、どちらかにしか対応していない製品も多いので、購入する際はよく確認しよう

　しかし、順番に数値を連続入力するだけなら、キーボードを使う必要はほとんどありません。数値の連続入力で覚えておくべき入力方法は4つあります。①2つのセルを選択してフィルハンドルをダブルクリック、②フィルハンドルを Ctrl キーを押しながらドラッグ、③2つのセルを選択してからフィルハンドルをドラッグ、④［連続データの作成］機能の4種類です。この4つの方法のうち、①〜③を「オートフィル」と呼びます。入力を省力化するテクニックの中では、基本かつ最重要なものなので、必ず使えるようにしておきましょう。

4種類の入力方法は、それぞれ使用する場面が少しずつ異なります。もっとも簡単で、使用する場面の多いのが①**フィルハンドルをダブルクリックする方法**です。隣のセルにすでに値が入力されていれば、スタートになる数値を入力し、そのセルのフィルハンドルをダブルクリックするだけで連続した数値を入力できます。

　なお、数値のみのセルでも文字列が含まれたセルでも使えますが、隣の列に値が入っていなければ、その上のセルまでで入力が停止します。

● 連続数値をダブルクリックで入力

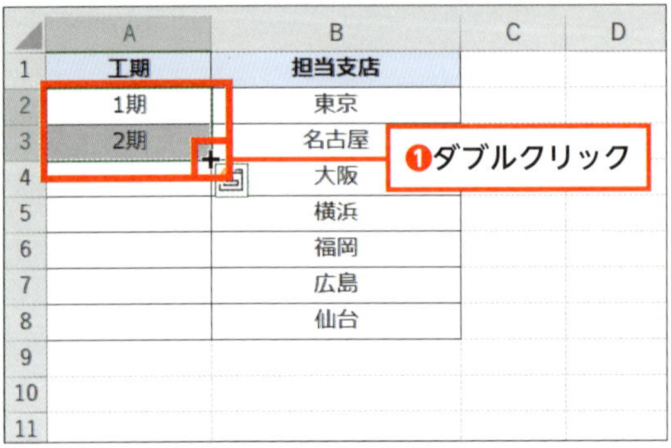

連続数値の最初の2つの値（ここでは「1期」「2期」）を入力。入力したセル範囲を選択した状態で、マウスポインタを右下に合わせて十字型のフィルハンドルになったら、そのままダブルクリックしよう（❶）

● 一瞬で連続数値が入力される

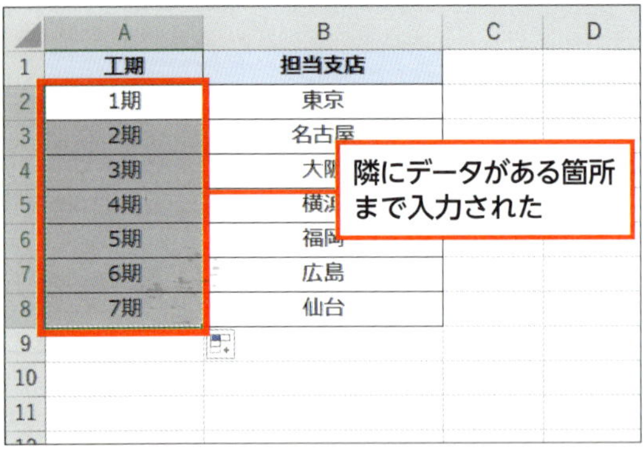

隣の列にデータがある範囲まで、自動的に連続数値が入力された。多数のセルに入力したい場合も、この方法なら一瞬で入力できるのがメリットだ

POINT

　2つのセルを入力せずにフィルハンドルをダブルクリックすると、同じ数値が入力されます。これはこれで使いたい場面があるので、知っておくと便利でしょう。

04 連続する数値の入力はエクセルに任せる

　1、2、3……などと連続した数値を入力したいときは、②Ctrlキー（Macではoptionキー）を押しながら**数値の入ったセルのフィルハンドルをドラッグ**すれば入力できます。「1個」のように文字を含んだ値が入っている場合は、Ctrlキーなどを押さなくても連続した数値を入力できますが、押しながらドラッグが基本だと覚えておくほうが便利です。

● Ctrlキー＋オートフィルを実行

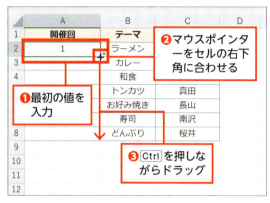

❶最初の値を入力
❷マウスポインターをセルの右下角に合わせる
❸Ctrlを押しながらドラッグ

最初の数値を入力したセルを選択し（❶）、右下角にマウスポインターを合わせる（❷）。ポインターの形状が十字型のフィルハンドルになったら、Ctrlキー（Macではoptionキー）を押しながら入力したい範囲までドラッグしよう（❸）

● 連続する数値が入力される

	A	B	C	D
1	開催回	テーマ	担当者	
2	1	ラーメン	中村	
3	2	カレー	大橋	
4	3	和食	牧野	
5	4	トンカツ	真田	
6	5	お好み焼き	長山	
7	6	寿司	南沢	
8	7	どんぶり	桜井	

連続数値が入力された

ドラッグした範囲まで連続数値が入力された。簡単な操作方法で、スピーディに入力できる

POINT

Ctrlキーを押さずにフィルハンドルをドラッグした場合は、セルの値によって結果が変わります。数値だけであれば、同じ数値が入力され、文字を含んでいれば1つずつ数値が増えていきます。

1、3、5……などのように、一定の間隔で増減する数値を入力するには、**③2つのセルを選択してフィルハンドルをドラッグ**します。なお、文字を含む値が入ったセルでも同じ結果が得られますが、異なる文字列の場合は別の結果になります。また、3つ以上のセルを選択した場合は、数値が一定の間隔でなければ、選択したセルの値を反復します。

● 一定間隔の連続数値を入力

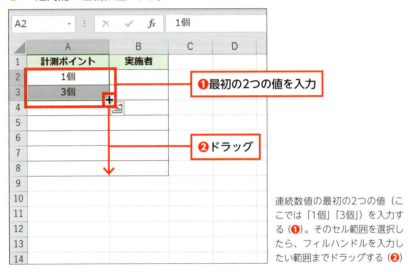

連続数値の最初の2つの値（ここでは「1個」「3個」）を入力する（❶）。そのセル範囲を選択したら、フィルハンドルを入力したい範囲までドラッグする（❷）

● 連続数値が入力される

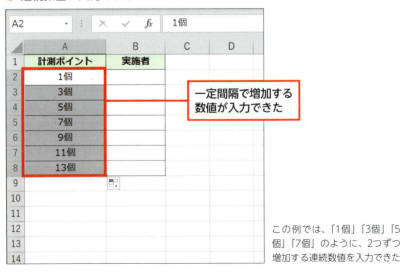

この例では、「1個」「3個」「5個」「7個」のように、2つずつ増加する連続数値を入力できた

大量の連続データを作成するには

ここまでフィルハンドルをマウスで操作する方法を解説してきましたが、フィルハンドルをダブルクリックする方法はともかく、ドラッグする方法はセルの数が増えると誤操作しやすくなってしまいます。たとえば、1万行も下にドラッグすることを考えてみてください。マウスポインターをウィンドウの外に出せば、スクロールの速度は上がりますが、今度は思った場所で止めるのが難しくなります。

そんなときは、どこまで連続した数値を入力しなければならないかを先に確認しておき、④**[連続データの作成]機能**を利用します。

● [連続データの作成] を開く

まず、連続データの最初の数値を入力して、そのセルを選択した状態にしておく（❶）。次に[ホーム]タブの[編集]グループで[フィル]をクリックし（❷）、[連続データの作成]を選択する（❸）

● 連続データの入力方法を設定

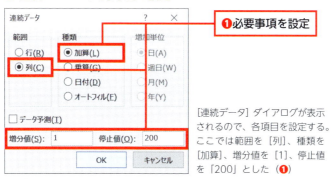

[連続データ]ダイアログが表示されるので、各項目を設定する。ここでは範囲を[列]、種類を[加算]、増分値を[1]、停止値を「200」とした（❶）

● **大量の数値でも簡単に入力**

	A
1	通し番号
2	1
3	2
4	3
5	4
6	5
7	6
8	7
9	8
10	9
11	10
…	…
189	
190	189
191	190
192	191
193	192
194	193
195	194
196	195
197	196
198	197
199	198
200	199
201	200
202	
203	

指定した数値まで入力された

設定画面で指定した数値まで瞬時に連続データが入力された。入力するデータが多ければ多いほど、非常にテクニックだ

POINT

　文字を含んだ値を同様に入力したい場合は、この方法ではうまくいきません。最初のセルから入力したいセルの末尾までを選択してから、[連続データの作成]を行う必要があります。この場合、文字を含んだ値のまま処理するのではなく、文字を表示形式に移してしまえば、数値のみ処理すればいいので、処理が単純になります。

ATTENTION

　文字のみが入力されたセルのフィルハンドルをドラッグした場合、同じ文字列が入力されます。ただし、文字列によっては結果が異なります。たとえば、「月曜日」と入力したセルのフィルハンドルをドラッグすると、「火曜日」「水曜日」……と入力されます。詳しくは、P23以降を参照してください。

第1章　もっとも時短効果の高い入力・編集をマスターする

1-05 オートフィルで（日）（月）（火）などと入力できない？

時短10分

オートフィルは入力の省力化には欠かせない機能ですが、オートフィルがすべての場面で使えるとは限らないのが残念なところです。オートフィルに対応していない文字列の並びを頻繁に入力したいなら、オートフィルに機能を追加しましょう。

［ユーザー設定リスト］をカスタマイズする

　前節で解説したフィルハンドルをドラッグしたりダブルクリックして入力するオートフィルを「月」と入力したセルに適用すると、「火」「水」などと入力されます。ほかには「1月」「2月」「3月」、「A」「B」「C」、「Mon」「Tue」「Wed」などが用意されていますが、「月曜」はうまくいきません。

　あらかじめ用意されているリストにない文字列でオートフィルを使いたいときは、**自分でオートフィルのリストに追加する**といいでしょう。ここでは「(日)」「(月)」「(火)」のように入力できるリストを作成します。

● ［ユーザー設定リスト］を開く

［ファイル］タブをクリックしてBackstageビューを開き、左下の［オプション］をクリック。［Excelのオプション］ダイアログが表示されたら［詳細設定］を開き（❶）、［ユーザー設定リストの編集］をクリックする（❷）

POINT

　Macの場合は、メニューバーの［Excel］→［環境設定］をクリックするか、⌘+□キーを押して［Excel環境設定］ダイアログを開き、［ユーザー設定リスト］をクリックします。以降の手順はWindowsとほぼ同じです。

● 連続する文字列をリストに追加

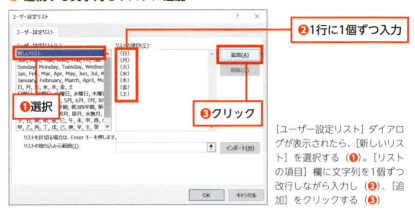

❷1行に1個ずつ入力

[ユーザー設定リスト] ダイアログが表示されたら、[新しいリスト] を選択する（❶）。[リストの項目] 欄に文字列を1個ずつ改行しながら入力し（❷）、[追加] をクリックする（❸）

● リストに追加されたことを確認

❶リストに追加された

作成したリストが [ユーザー設定リスト] の末尾に追加されるので、確認しておこう（❶）

● オートフィルで連続データを入力

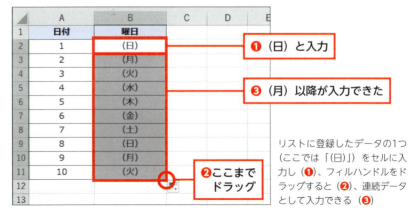

❶（日）と入力

❸（月）以降が入力できた

❷ここまでドラッグ

リストに登録したデータの1つ（ここでは「(日)」）をセルに入力し（❶）、フィルハンドルをドラッグすると（❷）、連続データとして入力できる（❸）

1-06 キーボードが苦手な人でも面倒な文字列を楽に入力するには

時短40分

入力する値が複数の文字列のうちのどれかだと決まっているなら、[データの入力規則] を使用することで高速かつ誤りなく入力できます。

⏱ セルに入力できる値を制限する

　文字入力が高速になれば、エクセルでの入力業務にかかる時間も削減することができます。しかし、入力速度はそうそう簡単に上げられるものではありません。タイピングが遅い人は練習するとして、それ以外の対策も考えたほうがいいでしょう。

　複数の文字列の中から入力する文字列を選択できるなら、入力規則を設定しておきます。[データの入力規則] ダイアログで、あらかじめリストに文字列をすべて入力しておけば、そこから選択できるようになります。

　ここでは、「カレーライス」「豚の生姜焼き」「ハンバーグ」「鶏のから揚げ」の4種類から値を選択できるようにします。

● 入力規則の画面を開く

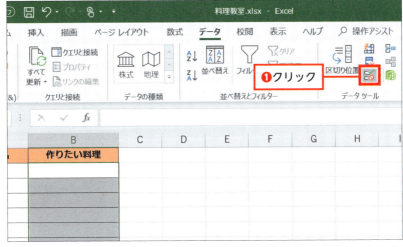

入力規則を設定したいセル範囲を選択しておき、[データ] タブをクリックし、[データツール] グループの [データの入力規則]（Macの場合は [入力規則]）をクリックする（❶）

● 入力規則を設定する

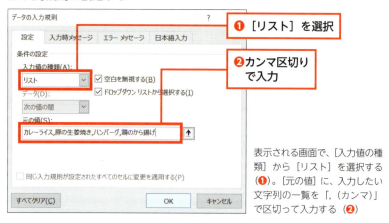

表示される画面で、[入力値の種類] から [リスト] を選択する（❶）。[元の値] に、入力したい文字列の一覧を「,（カンマ）」で区切って入力する（❷）

● リストから簡単に入力できる

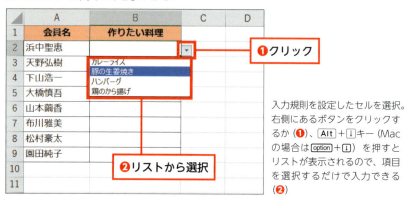

入力規則を設定したセルを選択。右側にあるボタンをクリックするか（❶）、Alt + ↓ キー（Macの場合は option + ↓）を押すとリストが表示されるので、項目を選択するだけで入力できる（❷）

ATTENTION

ここで説明した方法で入力規則を設定したセルでも、キーボードから手動で入力することは可能です。ただし、リストにない値を入力すると、エラーが表示されてしまいます。

1-07 いくら注意しても全角と半角を間違える人がいて困る

時短20分

エクセルで大きな問題になることは減ってきましたが、全角文字と半角文字を混在させると、見た目が気になることもあります。必ず半角で入力してほしいときは、［データの入力規則］機能を利用します。

［データの入力規則］で日本語入力を切り替える

ワープロ時代を知っている人にとっては、全角文字と半角文字の違いは明らかですが、最近のパソコンやスマホしか知らない人にとっては、これはピンとこないかもしれません。

全角と半角の違いは、文字の幅です。全角が1文字分の幅を持つとすれば、半角はその半分の幅であるため、「半角」と呼びます。漢字やひらがなは全角が基本ですが、英数字やカタカナ、一部の記号は全角に加えて、半角の文字も存在しており、さまざまな場面で使われています。パソコン内部では、たとえば同じ「A」でも全角と半角では別の文字としてコードが割り当てられています。

ワープロが使われていた時代は、全角文字と半角文字の幅の関係ははっきりと区別されていました。しかし、プロポーショナルフォントがよく使われるようになって、文字の幅はわかりづらくなってきています。全角と半角で字形が似ている文字も少なくありませんし、エクセルで数字を全角で入力すると、自動的に半角に変換されます。検索時も、英数字は全角と半角に関係なくヒットします。

そのため、数値の計算や印刷だけならあまり厳密に区別しなくてもかまいませんが、見た目はフォントによってはかなり異なるので、どちらかに揃えたいこともあるでしょう。また、関数では厳密に区別されます。ここでは、**必ず半角で入力してほしいとき、入力モードが自動的に半角入力に切り替わるように［データの入力規則］を利用して設定**します。

● 入力するセル範囲を選択する

	A	B	C
1	管理番号	商品名	
2		5色ボールペン	
3		特製ノート	
4		ランニングシューズ	
5		速乾シャツ	
6		ソーラー電卓	
7		DVDレコーダー	
8		バランスボール	
9		ダンベルセット	
10			

❶入力範囲を選択

文字列を入力するセル範囲を選択した状態にしておく（❶）

● 入力規則の画面を開く

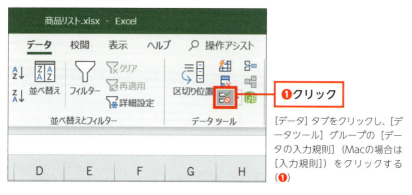

❶クリック

[データ] タブをクリックし、[データツール] グループの [データの入力規則]（Macの場合は [入力規則]）をクリックする（❶）

● 「日本語入力」を設定する

❶クリック

❷ [半角英数字] を選択

設定画面が表示されるので、[日本語入力] タブをクリックし（❶）、ドロップダウンリストから「半角英数字」を選択する（❷）。これで、入力規則を設定したセルを選択すると、自動的に半角英数字の入力モードに切り替わる

1-08 複数のシートの同じセルに同じ値を簡単に入力したい

時短20分

作業者ごとに分かれた、それぞれのシートの同じセル番地に同じ値を入力したいとき、いちいちシートごとに入力していては非効率です。

「作業グループ」でまとめて入力する

複数のシートの同じセル番地に同じ値を入力したいとき、まず最初のシートで値を入力し、シートを切り替えて目的のセルを選択し、また同じ値を入力する……という作業を繰り返すのが一般的な方法です。この繰り返しは、シートの数が増えるとバカにならない手間がかかります。

この手間を省くには、**シートをまとめて「作業グループ」を作ってから値を入力します。シートがいくつあっても、入力作業は一度で済むのです。**値の入力だけでなく、書式の設定も「作業グループ」でまとめられたすべてのシートに適用されます。

なお、新しくイチから表が配置されたシートを複数作りたいときは、この方法ではなく、1つのシート上にまず表を完成させてシートごとコピーしたほうが便利でしょう。

● 複数のシートを選択する

すべてのシートを選択する場合は、Shiftキーを押しながら右端のシート（ここではシート[岡本]）をクリック。連続していないシートを選択する場合はCtrlキー（Macは⌘キー）を押しながら、ほかのシートをクリック。すると、シートが選択状態になり（❶）、作業グループが有効な状態になった。あとは通常どおり、入力や書式設定の操作を行うだけだ

1-09 ほかのシートを素早く表示させるには

時短20分

シートを切り替えるときは、ウィンドウ下部のタブをクリックするのがふつうですが、それでは頻繁にシートを切り替えたいときに時間がかかってしまいます。ここは必ずショートカットキーを使いましょう。

必ずショートカットキーを使う

シートの切り替えは、エクセルの操作の中でも使用頻度が高いものの1つです。タブをクリックするだけなので、手順そのものは簡単ですが、マウスポインターを動かす距離を考えると、実は操作にかかる時間はバカになりません。**ショートカットキーをマスターして、必ずキーボード操作でシートを切り替えられるようにしましょう。**

ただし、離れたシートへの移動は、ショートカットキーを使っても時間がかかってしまいます。20回も30回もショートカットキーを繰り返すくらいなら、別の方法で移動したほうが速いでしょう。

● シート操作のショートカットキー

	Windows	Mac
右側のシートに移動する	Ctrl + PageDown	Option + →
左側のシートに移動する	Ctrl + PageUp	Option + ←
シートを追加する	Shift + F11	
シートを削除する	Alt → E → L (※)	なし

シートの移動は、Ctrlキー（MacではOptionキー）を押したまま、PageDownや→キーなどを何度も押すことで、シートを次々に切り替えることができる。また、シートの追加時はアクティブなシートの左側に追加される

POINT

離れたシートに頻繁に移動しなければならないときは、ショートカットキーを使うメリットが減ってしまいます。そんな場合は、移動先のシート同士を一時的に近くへ移動させて作業し、あとで元に戻してもいいでしょう。そのほか、目的のシートの適当なセルにリンクを張り、クリックでジャンプできるようにする方法（P216参照）や、セルに名前をつけて［ジャンプ］ダイアログから移動する方法（P14参照）もあります。ただし、これらの機能にはショートカットキーが割り当てられていません。

(※) 正確にいうと、これはショートカットキーではなく、アクセスキー（P195参照）です

1-10 Ctrl+C → Ctrl+V 以外のコピー&ペーストでさらなる時短

時短20分

エクセルにはいろいろなコピー&ペースト方法が用意されています。ここでは、簡単かつ使いみちの多い方法を紹介します。

🕐 すぐ左や上のセルをキー操作1つでコピーする

　コピー&ペーストは、エクセルに限らず、データ編集の基本中の基本操作です。ショートカットキーは、Ctrl+C（Macでは⌘+C）でコピー、Ctrl+V（Macでは⌘+V）でペーストです。これは必ず覚えておかねばなりませんが、それだけで済ませてはいけません。

　知っておくと意外と便利なのが、Ctrl+RとCtrl+Dの2つです（Macではそれぞれ⌘+Rと⌘+D）。**前者は左のセルを、後者は上のセルをそのままコピー&ペーストできます**。複数のセルを一度に操作できるので、コピーしたいセルが増えるほど有効なショートカットキーです。

　なお、コピー&ペーストで右クリックを多用する人も見かけますが、メニューから目的の操作を探し出すにはかなり時間がかかります。時短を目指すなら、できるだけ避けましょう。

● 左や上のセルから瞬時にコピー

	A	B	C	D
1	日付	担当1	担当2	
2	4月1日	田中	田中	
3	4月2日	広瀬	広瀬	
4	4月3日	清原	清原	
5	4月4日	篠田	篠田	
6	4月5日			
7	4月6日			
8	4月7日			
9	4月8日			
10	4月9日			
11	4月10日			
12	4月11日			

❶ Ctrl+Rで左のセルをコピー

	A	B	C	D
1	日付	担当1	担当2	
2	4月1日	田中	田中	
3	4月2日	広瀬	広瀬	
4	4月3日	清原	清原	
5	4月4日	篠田	篠田	
6	4月5日	篠田	篠田	
7	4月6日			
8	4月7日			
9	4月8日			
10	4月9日			
11	4月10日			
12	4月11日			

❷ Ctrl+Dで上のセルをコピー

貼り付け先のセル範囲を選択した状態でCtrl+Rキー（Macでは⌘+Rキー）を押すと、左のセルがコピーされる（❶）。同様に、Ctrl+Dキー（Macでは⌘+Dキー）を押すと、上のセルがコピーされる（❷）。

1-11 意外と面倒な行の入れ替え・移動を簡単に実行するには

時短20分

行や列に関する操作の中でも頻繁に発生し、操作としては単純なのに面倒な作業が行や列の入れ替えです。これだという手はありませんが、できるだけ省力化する手順を紹介します。

［カットした行の挿入］を利用する

　エクセル中級者でもなかなか面倒だと感じる操作の1つに、行や列の入れ替えがあります。単純に移動してしまうだけなら、カット＆ペーストでできますが、空行を作らずに移動するにはカットして、移動先の行を右クリック→［カットした行の挿入］を選択します。単純な操作の割に手間がかかるため、エクセルでの行移動はなるべく避けたほうがいいといえます。

　しかし、どうしても行や列の入れ替えが必要であれば、ショートカットキーでやってしまいましょう。**手順としては、行ごと選択したうえでカットし、［カットした行の挿入］にあたるショートカットキーを使います。**

● 切り取りたい行の任意のセルを選択

❶行内の任意のセルを選択

❷ Shift + Space → Ctrl + X キーを押す

ここでは例として、5行目を2行目へ移動する場合の手順を説明する。まず5行目の任意のセルを選択し（❶）、Shift + Space → Ctrl + X キー（Macは⌘+X キー）を押す（❷）

意外と面倒な行の入れ替え・移動を簡単に実行するには

● 行が切り取り状態になる

	A	B	C	D
1	氏名	会員種別	加入時期	累計購入額
2	佐川聡太	スタンダード	2005年上期	37,890
3	山崎重幸	ゴールド	2008年上期	282,473
4	佐々木夏菜子	シルバー	2007年下期	156,959
5	内藤真実	スタンダード	2011年上期	69,734
6	森田晋也	ゴールド	2014年下期	277,679
7	野村沙織	シルバー	2010年上期	113,586
8	藤井誠	ゴールド	2011年上期	252,556
9	朝比奈英二	ゴールド	2012年上期	292,983
10	長池愛	シルバー	2016年下期	178,492

切り取りの状態になる

行の周囲が点線で囲まれ、切り取りの状態になったのを確認しよう

● 移動先の行の任意のセルを選択

	A	B	C	D
1	氏名	会員種別	加入時期	累計購入額
2	佐川聡太	スタンダード	2005年上期	37,890
3	山崎重幸	ゴールド	2008年上期	282,473
4	佐々木夏菜子	シルバー	2007年下期	156,959
5	内藤真実	スタンダード	2011年上期	69,734
6	森田晋也	ゴールド	2014年下期	277,679
7	野村沙織	シルバー	2010年上期	113,586
8	藤井誠	ゴールド	2011年上期	252,556
9	朝比奈英二	ゴールド	2012年上期	292,983
10	長池愛	シルバー	2016年下期	178,492

❶移動先の行のセルを選択

❷ Shift + Space → Ctrl + Shift + ; キーを押す

移動先となる2行目の任意のセルを選択し(❶)、Shift + Space → Ctrl + Shift + ; キーを押す (❷)

● 切り取った行が挿入された

	A	B	C	D
1	氏名	会員種別	加入時期	累計購入額
2	内藤真実	スタンダード	2011年上期	69,734
3	佐川聡太	スタンダード	2005年上期	37,890
4	山崎重幸	ゴールド	2008年上期	282,473
5	佐々木夏菜子	シルバー	2007年下期	156,959
6	森田晋也	ゴールド	2014年下期	277,679
7	野村沙織	シルバー	2010年上期	113,586
8	藤井誠	ゴールド	2011年上期	252,556
9	朝比奈英二	ゴールド	2012年上期	292,983
10	長池愛	シルバー	2016年下期	178,492

2行目に挿入された

先ほど切り取った行が2行目に挿入された。コピーした行も、同様の手順で挿入が可能だ

POINT

列を入れ替える場合は、まず Ctrl + Space キーで列ごと選択し、あとは行の入れ替えと同じ操作で行います。

1-12 行や列の幅が異なる表を1つのシート上に配置したい

まったく内容が異なる表を1つのシート上に配置すると、行の高さや列幅など細かい調整がしづらく感じるかもしれません。表を［リンクされた図］としてペーストしてみましょう。

表を［リンクされた図］として貼り付ける

　同じシート上に、行や列の幅が異なる表を複数配置したいとき、たいていの人はセルを細かく区切って結合し、好きなサイズのセルを新たに作ってしまいます。いわゆる「エクセル方眼紙(※)」に近いことをやってしまうわけです。

　そのような方法で作られた表は、一見して美しく見えますが、セル項目を追加・削除しなければならないことになると、大変面倒です。いったん作った表を絶対に編集しないのならいいのですが、変更する可能性があるなら、「エクセル方眼紙」のような作り方をすべきではありません。

　代わりに使えるのが、**表を［リンクされた図］として貼り付ける機能**です。通常、コピー＆ペーストすると元の表を変更しても、貼り付けた表には何の変化もありませんが、［リンクされた図］として貼り付けると、元の表を変更したときに瞬時に貼り付けた表も変更されます。貼り付け先では図として扱われるので、大きさも変更できます。

● 貼り付けたい表をコピーする

❶コピー

まずは、別のシートに貼り付けたい表を選択してコピーする（❶）

（※）行列ともに幅を小さくして、方眼紙のような見た目にし、罫線を引いて複雑な体裁の文書を作るために用いられる

● 貼り付け方法を選択

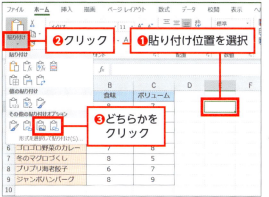

貼り付け先のシートを開き、表を貼り付けたい位置を選択する（❶）。[ホーム] タブの [貼り付け] グループにある [貼り付け] の [▼] をクリックし（❷）、[その他の貼り付けオプション] にある [図] または [リンクされた図] をクリックする（❸）。Macの場合は [ホーム] タブにある [ペースト] の [▼] をクリックし、[図としてペースト] または [リンクした図] を選択しよう

● 図として貼り付けられた

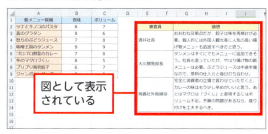

コピーした表が、このように図として貼り付けられた。このあと、必要に応じて貼り付けた表のサイズを変更しよう

POINT

[貼り付けのオプション] で [図] を選択した場合、元の表を編集しても、貼り付け先には反映されません。変更内容を自動的に反映させたい場合は [リンクされた図] として貼り付けましょう。

ATTENTION

この方法で貼り付けた表は、後ろの罫線が透けて見えてしまいます。これがどうしても気になる場合は、元の表でセルの背景色を白など透明以外に設定しておきましょう。

1-13 オートフィルよりも簡単に関数を1000行分コピーしたい

数値や文字列と同様に、関数を複数のセルにコピーしたいときもオートフィルが使えます。しかし、大量のセル、たとえば1000行分に同じ関数をコピーしたい場合、フィルハンドルをドラッグし続けるのは大変です。そこで、もっと簡単かつ確実にコピーできる方法を覚えておきましょう。

対象のセル範囲を選択して一気に貼り付ける

「売上の集計表で、行ごとにSUM関数を使って合計金額を求めたい」というような場合、各行のセルにSUM関数を入力する必要があります。オートフィルでコピーすることもできますが、空行があったり、隣の列が空白セルだったりすると、オートフィルがうまく動作せず、フィルハンドルを延々とドラッグしなければなりません。これではあまり効率的な方法とはいえません。もっと簡単なのは、関数を入力したいセルをすべて選択しておき、ショートカットキーでコピー&ペーストするという方法です。**[名前] ボックスを利用して、対象となるセル範囲の先頭から末尾へジャンプすれば、大量のセルも瞬時に選択することが可能です**。ただし、この機能が使えるのはWindows版のエクセルのみで、残念ながらMac版では利用できません。

なお、関数の詳しい使い方については、第3章で解説します。

● 関数をコピーする

	A	B	C	D
1	商品A	商品B	商品C	合計
2	851,487	752,809	518,904	2,123,200
3	789,226	864,564	628,753	
4				
5	510,761	878,165	736,808	
6				
7	505,724	513,376	908,548	
8				
9	693,305	706,894	939,795	
10	886,472	798,507	517,035	
11				

❶ Ctrl + C キーを押す

ここでは、D2～D1001セルに同じ関数を入力したい場合を例に説明する。まず、先頭となるD2セルにSUM関数を入力し、Ctrl + C キーを押してコピーする（❶）

オートフィルよりも簡単に関数を1000行分コピーしたい

● 最終行のセルを指定

	A	B	C	D
1	商品A	商品B	商品C	合計
2	851,487	752,809	518,904	2,123,200
3	789,226	864,564	628,753	
4				
5	510,761	878,165	736,808	
6				
7	505,724	513,376	908,548	
8				
9	693,305	706,894		
10	886,472	798,507		
11				

名前ボックスには「D1001」、数式バーには「=SUM(A2:C2)」と表示されている。

❶ 1000行目の入力セルを指定
❷ Shift + Enter キーを押す

[名前] ボックスをクリックし、関数を貼り付けたい最終行のセル（ここでは「D1001」）を入力し（❶）、Shift + Enter キーを押す（❷）

● 範囲を確認して貼り付けを実行

	A	B	C	D
992				
993	506,434	960,540	565,193	
994	679,730	776,074	752,526	
995	921,283	588,803	760,115	
996				
997	945,355	636,808	591,612	
998				
999	644,580	522,669	672,178	
1000	749,806	923,137	660,078	
1001	718,061	859,064	833,958	
1002				
1003				
1004				

❶ Ctrl + V キーを押す

1000行分のセル範囲が一括選択されるので、そのまま Ctrl + V キーを押す（❶）

● 関数が貼り付けられる

	A	B	C	D
1	商品A	商品B	商品C	合計
2	851,487	752,809	518,904	2,123,200
3	789,226	864,564	628,753	2,282,543
4				0
5	510,761	878,165	736,808	2,125,734
6				0
7	505,724	513,376	908,548	1,927,648
8				0
9	693,305	706,894	939,795	2,339,994
10	886,472	798,507	517,035	2,202,014
11				0
12	738,920	664,487	738,239	2,141,646
13				0

すべてのセルに貼り付けられた

選択したセル範囲すべてに関数が貼り付けられた。大量のセルに貼り付ける場合は、オートフィルよりもはるかに簡単だ

1-14 1行おきに行全体を削除するには

時短20分

別のアプリで作成したデータをエクセルに読み込んだところ、1行おきに不要な行ができてしまうことがあります。いちいち行を選択して削除するより、ずっと手早くできる方法を知っておきましょう。

🕐 作業列を作って削除したい行に数値を入力する

　不要な行や列がある場合、すでに紹介したショートカットキーで行全体または列全体を選択したあと、Ctrl＋−キー（Macの場合は⌘＋−キーでも可）を押せば削除できます。行全体や列全体をマウスで選択して右クリックで削除していた人は、ぜひこのショートカットキーを使いこなすようにしましょう。

　では、1行おきに行を削除したいときはどうすればよいでしょうか。通常の行の削除と同様にやる手もありますが、削除したい行が増えてくると、ショートカットキーの繰り返しになってしまいます。ショートカットキーといえども何度も繰り返していては時間の無駄です。

　楽なやり方はいくつかありますが、ここで紹介するのはやや裏技っぽいテクニックです。**まず作業列を作り、その列の削除したい行に数値を入力し、セルを選択して行ごと削除します。**

　なお、ここで紹介する方法以外には、作業セルに数値を入力してソートする方法や、テーブルを作って削除する方法があります。

> 第1章　もっとも時短効果の高い入力・編集をマスターする

POINT

　行や列を追加する場合は、追加したい位置の下の行または右の列全体を選択したあと、Ctrl＋Shift＋;キーを押します。このショートカットキーもマスター必須の便利技です。

1行おきに行全体を削除するには

● 数値を入力してオートフィル

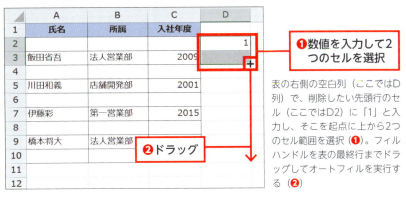

❶数値を入力して2つのセルを選択

❷ドラッグ

表の右側の空白列（ここではD列）で、削除したい先頭行のセル（ここではD2）に「1」と入力し、そこを起点に上から2つのセル範囲を選択（❶）。フィルハンドルを表の最終行までドラッグしてオートフィルを実行する（❷）

● 入力状態を確認する

❶1行おきに数値が入力された

❷F5キーを押す

オートフィルの結果、削除したい行にだけ数値が入力されたのを確認する（❶）。そのままの状態で、F5キーを押そう（❷）

● セルの選択方法を設定

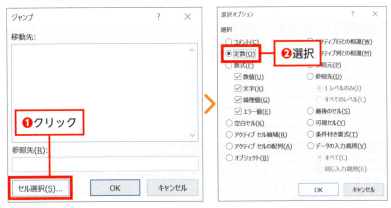

❶クリック

❷選択

［ジャンプ］ダイアログが表示されるので、［セル選択］をクリック（❶）。［選択オプション］ダイアログが表示されたら、［定数］を選択する（❷）

● 選択できたら削除を開始

削除対象の行にある数値のセルだけが選択された状態になったのを確認し、そのままの Ctrl + - キーを押そう（❶）

● 削除対象を指定する

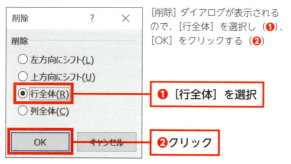

[削除] ダイアログが表示されるので、[行全体] を選択し（❶）、[OK] をクリックする（❷）

❶ [行全体] を選択

❷ クリック

● 削除結果を確認する

1行おきに削除された

このように、1行おきに削除される。この手順を知っておけば、1000行でも2000行でも簡単に1行おきの削除ができる

オートフィルより簡単な方法で規則的にセルを埋めたい

オートフィルは便利な機能ですが、万能ではありません。入力済みのセルから一定の規則に沿ってデータを取り出したいという場合は、「フラッシュフィル」を使いましょう。

フラッシュフィルで規則的なデータを自動入力

「フラッシュフィル」とは、セルに入力されたデータの規則性を検知し、その規則に沿って自動入力する機能です。

たとえば「役職と氏名が入力されたセルから、役職だけを取り出して別のセルに入力したい」という場合を例に考えてみましょう。もっとも単純なのは、役職部分の文字列を選択してコピー＆ペーストするという方法ですが、これではあまりにも効率が悪すぎます。関数を使って氏名と役職を分割する方法もありますが、これはこれで式を作るのが少々面倒です。

氏名と役職の間がスペースなどで区切って入力されていれば、フラッシュフィルを利用して役職の部分だけを簡単に取り出すことができます。まず、元のデータが入力されているセルの横に役職を入力するための列を作り、最初の行だけ手動で役職を入力します。この状態でフラッシュフィルを実行すると、「スペースの後ろの文字列だけを取り出して入力する」という規則性が検出され、以降の行は自動的に入力してくれるのです。分割に限らず、データの結合や書式の変更といった処理を行うこともでき、うまく活用すれば大幅な省力化が可能になります。

ATTENTION

フラッシュフィルには、いくつか注意すべき点もあります。まず、自動入力するセルは、元のデータが入力されているセルの隣の列である必要があります。また、データによっては規則性がうまく認識されず、誤った入力結果になってしまうことがあります。その場合は、パターンの異なるデータを2〜3件入力してから再試行してみましょう。

● 先頭のセルに入力しておく

	A	B	C
1	役職と氏名	役職	入社年度
2	代表取締役社長　桜井正孝	代表取締役社長	1990
3	常務取締役　長谷川康夫		1993
4	専務取締役　河野健二		1992
5	営業本部長　奥田博		1995
6	広報部長　岡本美代子		1999
7	経理部長　橋本清美		2001
8	商品開発部長　佐々木麻美		2001
9	資材部長　東野幸太		1998
10	企画部長　佐藤晃		1999
11			
12			
13			

❶入力したセルを選択

最初の行のセル（ここではB2）に役職名を入力し、そのセルを選択しておく（❶）

● フラッシュフィルを実行

❶クリック

［データ］タブの［データツール］グループで［フラッシュフィル］をクリックする（❶）

● データが自動的に入力される

	A	B	C
1	役職と氏名	役職	入社年度
2	代表取締役社長　桜井正孝	代表取締役社長	1990
3	常務取締役　長谷川康夫	常務取締役	1993
4	専務取締役　河野健二	専務取締役	1992
5	営業本部長　奥田博	営業本部長	1995
6	広報部長　岡本美代子	広報部長	1999
7	経理部長　橋本清美	経理部長	2001
8	商品開発部長　佐々木麻美	商品開発部長	2001
9	資材部長　東野幸太	資材部長	1998
10	企画部長　佐藤晃	企画部長	1999
11			
12			
13			

一括入力された

データの規則性が自動的に認識され、ほかのセルにも一括で入力される

1-16 横に長い表に入力するのが面倒なので、どうにかしたい

時短10分

エクセルは縦方向へのスクロールは比較的簡単ですが、横方向はあまり得意ではありません。そのため、横に長い表は入力が面倒になりがちです。そこで思い出してほしいのがフォームです。

フォーム機能で入力する

　大きな表のあちこちに入力するセルが散らばっている場合、マウスではなく、キーボードを使ってもアクティブセルを移動するのに手間がかかってしまいます。一定のセルに移動すればいいのなら、セルに名前を付けてジャンプするなど別の手もありますが、新しいデータを次々に追記しなければならない表など移動先が一定でない場合はうまくいきません。

　特に問題になるのが横に長い表ですが、そんな場合はフォームによる入力を試してみましょう。入力したいセルへの移動が楽になることがあります。また、入力欄のすぐ左にラベルが表示されるので、何の値を入力しなければならないのかもわかりやすいといえます。

● フォームを使えるように設定する

❶ ［フォーム］を選択
❷ クリック

Backstageビューで［オプション］→［クイックアクセスツールバー］を開いて、コマンドの選択で［すべてのコマンド］を選択。左側のリストで［フォーム］を選択し（❶）、［追加］をクリックする（❷）。右側のリストに［フォーム］が追加される

ATTENTION

フォーム機能はMac版のエクセルには搭載されていません。Windows版でも初期状態では利用できないので、先に機能を追加する必要があります。

● フォームを起動する

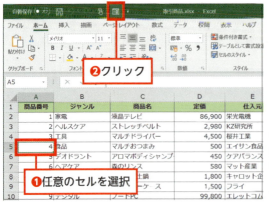

フォームを利用したい表の中にある任意のセルを選択し（❶）、クイックアクセスツールバーの［フォーム］アイコンをクリックする（❷）

● フォームを使って入力する

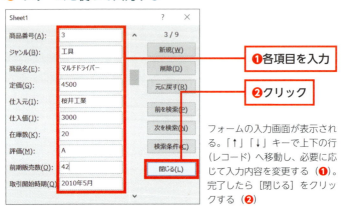

フォームの入力画面が表示される。「↑」「↓」キーで上下の行（レコード）へ移動し、必要に応じて入力内容を変更する（❶）。完了したら［閉じる］をクリックする（❷）

● 入力内容が反映される

	D	E	F	G	H	I	J
1	定価	仕入元	仕入値	在庫数	評価	前期販売数	取引開始時期
2	86,900	栄光電機	68,500	12	A	56	2005年9月
3	2,980	KZ研究所	800	31	B	29	2018年4月
4	4,500	桜井工業	3,000	20	A	42	2010年5月
5	500	エイサン食品	150	30	B	126	2010年8月
6	450	ケアバランス	250	25	A	25	2013年5月
7	580	マット産業	350	28	A	41	2015年9月
8	1,800	キャロット企画	800	18	B	16	2016年10月
9	1,500	フライ	880	10	B	12	2018年4月
10	99,800	エレットコム	75,000	12	A	16	2016年3月

セルの内容が変更できた

フォームで入力したデータが、元の表に反映される。この方法なら、横にスクロールしなくてもセルの内容を入力・編集できるので簡単だ

1-17 複雑な表にすばやく入力するには入力専用シートを作成する

時短20分

公的機関に提出する書類には、A4用紙1枚に収まるように無理やり記入欄を詰め込んだものがよく見られます。そんな書類をエクセルで作成した場合、印刷用と入力用でシートを分けたほうがずっと手早く入力できます。

印刷用と入力用を分割する

見栄えにこだわった書類で、見かけはいいが入力すべき箇所が分散していて、入力しにくいファイルに出会ったことがあるかもしれません。そんな書類に頻繁に入力・印刷しなければならないなら、入力用のシートと印刷用のシートを分けてしまいましょう。

入力用のシートは極力シンプルにしておき、書式設定も最低限にとどめておきます。そして、印刷用のシートから数式で値を参照するのです。印刷用のシートには直接入力しないようにしておきます。シートをロックしておいてもいいでしょう。「印刷用のシートを直接編集しない」などブックの扱い方に注意が必要になりますが、**通常は入力用のシートのみ編集し、印刷用のシートに切り替えて印刷を実行するという流れを押さえておけば、かなりの時短につながるはずです。**

この手順のコツは入力用のシートをできるだけシンプルにすることです。入力不要の箇所があれば、入力用シートでは省いてもかまいません。

● 複雑な表の例

たとえば、公的機関に提出する表などは、仕様が複雑なものが多い。このような表を印刷用のフォーマットとして使っている場合は、別に入力用のシートを作成しておいたほうが効率よく入力できる

● 入力専用のシートを作成する

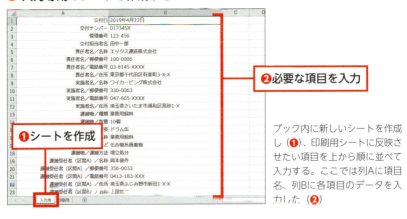

ブック内に新しいシートを作成し（❶）、印刷用シートに反映させたい項目を上から順に並べて入力する。ここでは列Aに項目名、列Bに各項目のデータを入力した（❷）

● 印刷用シートに数式を入力

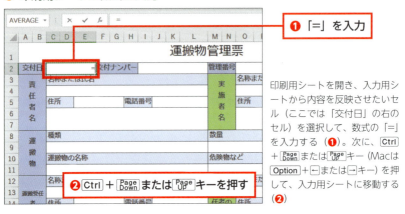

印刷用シートを開き、入力用シートから内容を反映させたいセル（ここでは「交付日」の右のセル）を選択して、数式の「=」を入力する（❶）。次に、Ctrl＋Page DownまたはPage UpキーMacはOption＋-または-キー）を押して、入力用シートに移動する（❷）

● 反映元のセルを選択

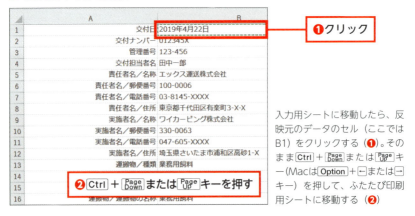

入力用シートに移動したら、反映元のデータのセル（ここではB1）をクリックする（❶）。そのままCtrl＋Page DownまたはPage Upキー（MacはOption＋-または-キー）を押して、ふたたび印刷用シートに移動する（❷）

複雑な表にすばやく入力するには入力専用シートを作成する

● 確認して入力を確定する

❶確認して Enter キーを押す

印刷用シートの反映先のセルに参照元の数式（ここでは「=入力用!B1」）が表示されているのを確認し、そのまま Enter キーを押して入力を確定させる（❶）

● データが反映される

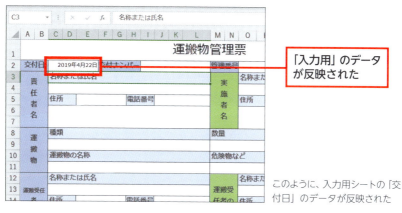

「入力用」のデータが反映された

このように、入力用シートの「交付日」のデータが反映された

● 同じ要領で各項目のデータを反映させる

同じ手順を繰り返してデータを反映

あとは、各項目のデータに関して同じ手順を繰り返していけばよい。セルを選択するのが面倒なら、数式をコピーして参照元のセルだけ書き換えてもよい

1-18 重複したデータがないかをチェックしたい

時短40分

データベースを作成するとき、重要なポイントの1つが重複データの排除です。同じデータが2つ以上含まれていると、修正が片方にしか反映されなかったり、誤った集計結果が出てきたり、いろいろな問題が生じます。

［重複の削除］を利用する

エクセルで重複データを排除したいときは［重複の削除］機能を利用すると、手軽にできます。ただし、いくつか注意点があって、半角と全角は区別されることと、空白の有無も区別されることの2点に気をつける必要があります。

まず、英数字の半角と全角は別の文字として扱われるので、たとえば住所録の番地で全角数字を使うと、半角数字で入力したデータが存在しても、重複とはみなされません。また、文字列の途中に空白があるデータと空白がないデータは異なるデータとして扱われ、空白以外がまったく同じデータだとしても削除されません。ここに注意しないと、「重複しているデータがあるのに削除されない」ということになってしまいます。

POINT

空白を削除するには検索・置換機能を使うより、TRIM関数を利用するほうが手早くできます。また、全角数字を半角にするにはASC関数を使います。ただし、ASC関数はカタカナまで半角にするので、カタカナの含まれたデータなら逆に全角に変換するJIS関数を使ったほうが確実でしょう。

ATTENTION

重複だと判断された場合、どのデータが削除されるかを事前に知ることはできず、いきなり削除されてしまいます。Ctrl＋Zキー（Macでは⌘＋Zキー）で元に戻せますが、念のため、この操作をする前にブックのバックアップを取っておいたほうがいいでしょう。

第1章 もっとも時短効果の高い入力・編集をマスターする

重複したデータがないかをチェックしたい

●「重複の削除」を開く

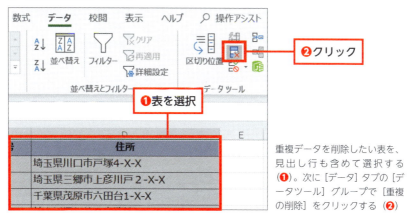

重複データを削除したい表を、見出し行も含めて選択する（❶）。次に [データ] タブの [データツール] グループで [重複の削除] をクリックする（❷）

● ダイアログで削除を実行

[重複の削除] ダイアログが表示されるので、そのまま [OK] をクリックする（❶）

● 削除を確認して完了

重複個数と残りの値の個数が表示される。[OK] をクリックして完了しよう（❶）

ATTENTION

「重複の削除」機能は、Office 365の最新版やExcel 2019では精度が向上していますが、Excel 2016以前では残念ながら信頼性があまり高くありません。というのも、重複していないデータまで削除されたり、逆に重複したデータが削除されなかったりするバグが報告されているからです。Excel 2016以前の場合は、並べ替え機能やCOUNTIF関数などで重複を発見して削除する方法がおすすめです。

1-19 セル幅や罫線・フォントなど値以外をコピーしたい

時短20分

複数のセルに同じ書式を適用したいとき、いちいち設定していては手間がかかってしまいます。そんなときはコピーしたセルから書式を貼り付けると、表の作成を大幅に省力化できます。

コピーしたセルから書式だけを貼り付ける

　セルをコピーして別のセルへペーストするとき、<mark>[形式を選択して貼り付け]ダイアログを利用すれば、特定の要素だけを選んで貼り付けることができます</mark>。たとえば、罫線やフォントといったデザイン的な要素だけを適用したい場合は、「書式」を選択します。このほか、「列幅」だけを貼り付けたり、数式は無視して値だけを貼り付けたりすることも可能です。

　[形式を選択して貼り付け]ダイアログは、リボンや右クリックから開くこともできますが、ショートカットキーを使えば時短につながります。

● 表をコピーして貼り付けを開始

	A	B	C
1	営業エリア	担当者	達成度
2	品川・大崎エリア	高城	95.60%
3	城南エリア	木戸	88.30%
4	世田谷・杉並エリア	荒川	98.90%
5	吉祥寺・三鷹エリア	阿部	96.50%
6	浅草エリア	本宮	93.60%
7	八重洲エリア	岡部	99.10%
8	六本木・乃木坂エリア	柏木	100.00%
9	原宿エリア	大山	89.80%
10	新宿・代々木エリア	田淵	97.70%

❶コピー　❷貼り付け位置を選択　❸Ctrl+Alt+Vキーを押す

まず、表を選択してコピーしておく（❶）。貼り付けたい位置のセルを選択しておき（❷）、Ctrl+Alt+Vキー（Macは⌘+ctrl+Vキー）を押す（❸）。なお、ここでは表全体をコピーするが、単独のセルやセル範囲を選択してコピーすることも可能だ

セル幅や罫線・フォントなど値以外をコピーしたい

19

● まずは [書式] を貼り付ける

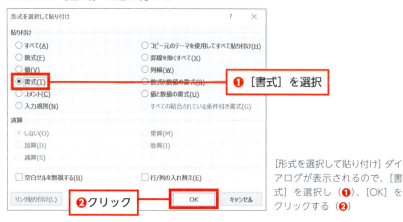

[形式を選択して貼り付け] ダイアログが表示されるので、[書式] を選択し (❶)、[OK] をクリックする (❷)

● 貼り付けを確認して再度ダイアログを開く

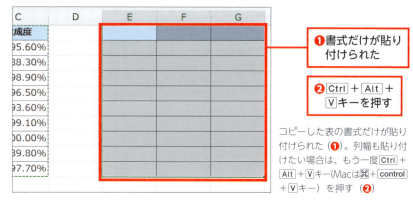

❶ 書式だけが貼り付けられた

❷ Ctrl + Alt + V キーを押す

コピーした表の書式だけが貼り付けられた (❶)。列幅も貼り付けたい場合は、もう一度 Ctrl + Alt + V キー(Macは⌘+ control + V キー) を押す (❷)

● [列幅] を指定して貼り付け

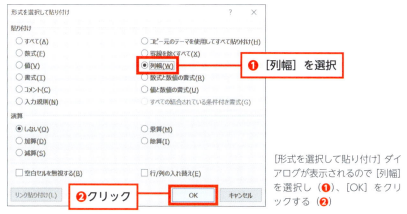

[形式を選択して貼り付け] ダイアログが表示されるので [列幅] を選択し (❶)、[OK] をクリックする (❷)

● 選択対象を設定する

列幅が反映された

このように列幅が反映された。この手順なら、元の表から値以外の要素がスムーズにコピーできるはずだ

> **COLUMN**
> **［貼り付けのオプション］を利用する**
>
> コピーしたセルから書式だけを貼り付けるには、［貼り付けのオプション］を利用する方法もあります。［貼り付けのオプション］は、［ホーム］タブで［貼り付け］（Macでは［ペースト］）の［▼］をクリックして表示することもできますが、より素早く操作するにはショートカットキーを使いましょう。ただし、この方法では貼り付けられない要素もあり、たとえば列幅を貼り付けたい場合は［形式を選択して貼り付け］を使う必要があります。

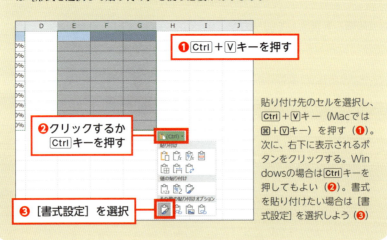

❶ Ctrl + V キーを押す

❷ クリックするか Ctrl キーを押す

❸ ［書式設定］を選択

貼り付け先のセルを選択し、Ctrl + V キー（Macでは ⌘ + V キー）を押す（❶）。次に、右下に表示されるボタンをクリックする。Windowsの場合は Ctrl キーを押してもよい（❷）。書式を貼り付けたい場合は［書式設定］を選択しよう（❸）

1-20 姓名を分離したデータにしたい

データはなるべく分離して作成するのが基本です。しかし、もらったデータが結合されていたからといって、入力し直す必要はありません。

[区切り位置指定ウィザード]を使う

　データの結合は非常に簡単ですが、分離はなかなか難しいため、データはなるべく分離した状態で作るべきです。しかし、結合されたデータの処理を任されることもあるでしょう。

　ここでは、**姓名が1つのセルに入力されているデータを姓と名に分割する方法**を紹介します。注意すべきは、姓と名の間に空白が含まれている場合に限ることです。空白なしで姓名が入力されているデータでは、残念ながら目で見ながら分離するしかありません。なお、この方法は姓名でなくても、2つ以上のデータが空白で区切られていれば使えます。

● 区切り位置指定ウィザードを表示

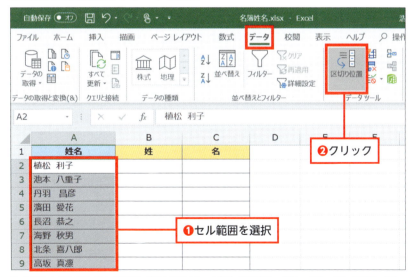

姓名が入力されているセル範囲（ここではA2～A11）を選択し（❶）、[データ] タブの [データツール] グループで [区切り位置] をクリックする（❷）

● 元のデータ形式を選択する

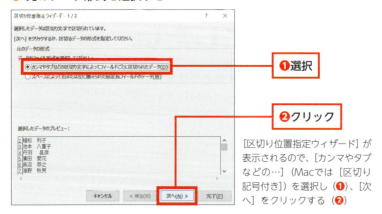

[区切り位置指定ウィザード] が表示されるので、[カンマやタブなどの…]（Macでは [区切り記号付き]）を選択し（❶）、[次へ] をクリックする（❷）

● フィールドの区切り文字を指定

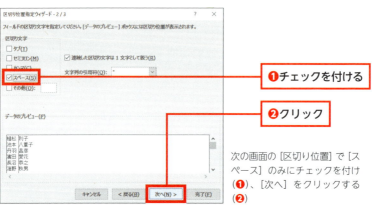

次の画面の [区切り位置] で [スペース] のみにチェックを付け（❶）、[次へ] をクリックする（❷）

● 分離したデータの表示位置を指定

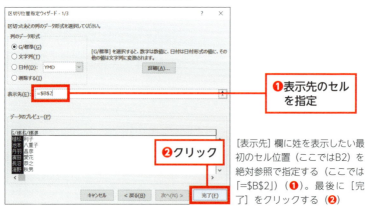

[表示先] 欄に姓を表示したい最初のセル位置（ここではB2）を絶対参照で指定する（ここでは「=B2」）（❶）。最後に [完了] をクリックする（❷）

● 確認ダイアログが表示される

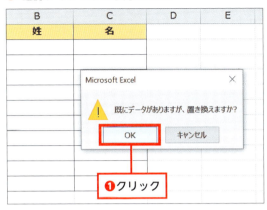

Windowsの場合、[すでにデータがありますが、置き換えますか？]という確認ダイアログが表示されるので、[OK]をクリックする（❶）

● 分離されたデータが表示される

	A	B	C
1	姓名	姓	名
2	植松 利子	植松	利子
3	池本 八重子	池本	八重子
4	丹羽 昌彦	丹羽	昌彦
5	濱田 愛花	濱田	愛花
6	長沼 恭之	長沼	恭之
7	海野 秋男	海野	秋男
8	北条 喜八郎	北条	喜八郎
9	高坂 真凛	高坂	真凛
10	橘 桜子	橘	桜子
11	塩崎 修子	塩崎	修子
12			

姓と名に分離された

このように姓と名に分離されたデータが表示される。姓と名で処理を繰り返す手間もかからないので、関数やフラッシュフィルよりも手軽に使えるのがメリットだ

COLUMN 入力ミスの取り消しは Esc で

　セルに数値や文字列を入力するとき、いくら注意していてもミスを完全になくすのは難しいものです。そのため、誤入力したときに素早く修正する方法を知っておくことも、時短を目指すうえでは大切です。

　入力直後にミスに気づいたときは、すぐに Esc キーを押してみましょう。編集モード（セル内にカーソルが表示された状態）中なら、これだけで入力を取り消せます。誤ってセルの内容を上書きした場合は、上書き前の状態に戻せます。この方法なら、あとから Delete キーや BackSpace キーで削除して修正するよりもスピーディです。ただし、Enter キーや Tab キーを押して編集モードから入力モードに移行したあとは、Esc キーで取り消すことはできません。

1-21 配布したブックで必要ない箇所を変更されないようにしたい

時短10分

ブックを別のユーザーと共有して作業するとき、「この部分は勝手に変更されたくない」という箇所がある場合も多いでしょう。そんなときは、特定のセル以外は編集できないようにシートを保護しておくと安心です。

編集を許可するセルを除外してシートを保護

エクセルで共同作業するときに注意すべきなのが、ほかのユーザーに余計なセルまで編集されないようにすることです。**たとえ悪意はなくても、操作ミスで誤ったセルへ入力したり、データを削除してしまったりする可能性もあります。これを防ぐには、セルの保護機能を使って、特定のセル以外は編集できないようにしておきましょう。**

たとえば「売上の金額を別の担当者に入力してもらいたいが、すでに入力されている数値は変更されると困る」という場合、入力先のセルだけをロック解除しておき、そのあとでシートの保護を有効にするという手順で設定するとよいでしょう。

● 編集可能にするセル範囲を選択

	A	B	C	D
1	月	里中	山本	水川
2	1月	647,413	611,224	614,918
3	2月	571,121	661,799	820,682
4	3月	666,370	659,243	614,698
5	4月	562,943	549,936	856,870
6	5月	542,202	672,884	774,560
7	6月			
8	7月			
9	8月			

❶セル範囲を選択

❷ Ctrl + 1 キーを押す

まずはじめに、編集を許可するセル範囲の設定から行う。編集可能にするセル範囲を選択し（❶）、Ctrl（Macは⌘）+ 1 キーを押す（❷）

第1章 もっとも時短効果の高い入力・編集をマスターする

配布したブックで必要ない箇所を変更されないようにしたい

● [保護] でロックをオフにする

[セルの書式設定] ダイアログが表示されるので、[保護] タブを開いて [ロック] のチェックを外して (❶)、[OK] をクリックする (❷)

● [シートの保護] を開く

続いて、リボンの [校閲] タブの [保護] グループで [シートの保護] をクリックする (❶)

● シートの保護対象を設定する

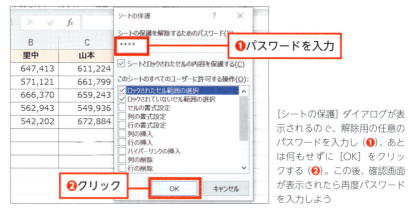

[シートの保護] ダイアログが表示されるので、解除用の任意のパスワードを入力し (❶)、あとは何もせずに [OK] をクリックする (❷)。この後、確認画面が表示されたら再度パスワードを入力しよう

● 保護対象のセルは編集できない

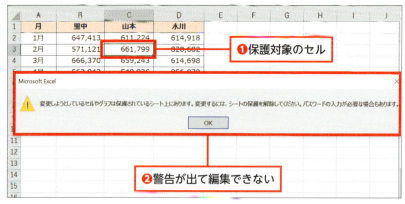

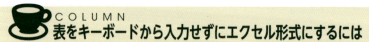

これで許可したセル範囲以外はロックがかけられ保護された。保護されたセルを編集しようとすると（❶）、このように警告が表示されて変更できないので安心だ（❷）

> ### COLUMN
> ### 表をキーボードから入力せずにエクセル形式にするには
>
> 　紙に印刷された表のデータをエクセルで活用したいとき、目で見ながらキーボードで入力するのは面倒です。そこで注目したいのが、Android版エクセルの［画像からデータを挿入］機能です。スマホのカメラで表を撮影すると、AIエンジンが画像を処理して自動変換し、エクセルのシートに挿入できます。誤認識されたデータがあれば、プレビューで修正してから取り込むことが可能です。本稿執筆時点（2019年3月下旬）では、この機能はベータ版として一部のユーザーのみに公開されていますが、今後数カ月以内にOffice 365の全ユーザーに提供される見込みです。また、iOS版エクセルにも搭載される予定です。

エクセルの画面で［画像からデータを挿入］アイコンをタップし、カメラ画面に切り替わったら、表が印刷された紙を撮影する。読み取ったデータをプレビューで確認し、必要に応じて修正してからシートに挿入する（画像はマイクロソフトのWebサイトより）

第 2 章

工夫すれば百人力！書式設定のツボを知っておく

意外かもしれませんが、エクセルの時短で外せないのが書式設定です。特に、条件付き書式と表示形式は、業務には不要だと思っている人もいるかもしれませんが、エクセル作業の効率化になくてはならないものです。条件付き書式を使えなくても、すぐには業務に差し支えることはありません。しかし、時短という観点から見れば、欠かせない機能です。特定の条件にあったセルの文字色を変更したいとき、いちいち目で見て判断して操作していたのでは、時間がかかって仕方ないだけでなく、見落としも増えてしまいます。条件付き書式を使えば、一瞬で正しく書式を設定できます。

また、表示形式は計算を楽にするために重要です。分数や時刻、通貨の計算で威力を発揮します。うまく計算できないので、単位を省略して計算していたり、計算と表示を別のセルで行っていたり、面倒な数式で計算しているなら、表示形式の工夫で一気に作業が楽になるはずです。

2-01 表の見出しを常に表示しておく

時短10分

大きな表を作るとき、エクセル初心者か中級者かを問わず、必ず使うテクニックが見出しの固定です。サクッとできるようにしておきましょう。

[ウィンドウ枠の固定]で見出しをいつも見えるように

見やすい表を作るためのコツはたくさんありますが、**まず最初に覚えておくべきなのは[ウィンドウ枠の固定]**です。大きな表だと、スクロールしたときに見出しが見えなくなって、何の値なのかがわからなくなってしまいます。そんなときのために、行や列の見出しを固定し、常に表示させておくわけです。

● 見出しを固定する

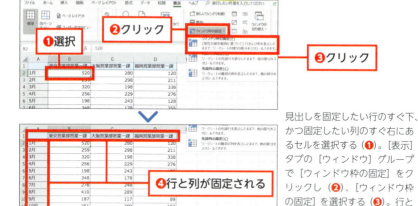

見出しを固定したい行のすぐ下、かつ固定したい列のすぐ右にあるセルを選択する（❶）。[表示]タブの[ウィンドウ]グループで[ウィンドウ枠の固定]をクリックし（❷）、[ウィンドウ枠の固定]を選択する（❸）。行と列が見出しとして固定され、常に表示されるようになる（❹）

POINT

先頭行または先頭列だけを固定する場合は、[表示]タブの[ウィンドウ]グループで[ウィンドウ枠の固定]をクリックし、[先頭行の固定]または[先頭列の固定]を選択します。見出しの固定を解除したいときは、[ウィンドウ枠の固定を解除]を選択します。

2-02 セルの行の高さはまとめて調整する

時短05分

セルに長い文字列を入力する際、[折り返して全体を表示する]機能の使用は必須でしょう。このとき、セルの高さを調整するため、行を選択してセルの境界をダブルクリックするテクニックは知っている人も多いはずです。しかし、フォントを変更するなどで調整しなければならない行が多数出てきてしまったら、どうすればよいでしょうか。

複数行を選択してセルの境界をダブルクリック

　セルの高さを調整する場合、数箇所程度であれば、手作業でいちいち行の高さをいじってもいいでしょうが、数十行、数百行も調整しなければならない場合は大変です。そんなときは、まとめてやってしまいましょう。**複数の行を選択して、適当な行のセルの境界にマウスポインターを合わせてダブルクリック**します。ダブルクリックする場所は、必ずしも選択した行の末尾でなくてもいいことを知っておくと便利です。

● 行の高さを調整する

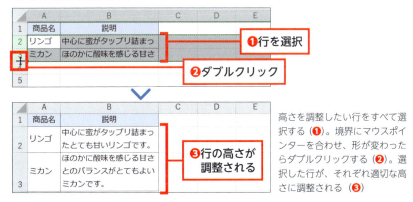

高さを調整したい行をすべて選択する（❶）。境界にマウスポインターを合わせ、形が変わったらダブルクリックする（❷）。選択した行が、それぞれ適切な高さに調整される（❸）

POINT

同様の操作は列の幅を整えるときにも使えますが、セル内で文字を折り返す設定にしている場合は、列の幅は変わりません。

2-03 お金の計算時に単位の「円」を入力してはいけない

数値に付ける単位は、ないとわかりづらく、あると邪魔になる厄介者です。どうすれば、邪魔にならないように表示できるでしょうか。

［セルの書式設定］で単位を表示する

　お金の計算をする際、わかりやすいように金額の後ろに「円」を付けたくなるかもしれません。特に、数量などお金以外の数字と並んでいるときは、単位を付けたくなるでしょう。しかし、単位を付けて入力してしまうと、数式で計算することができなくなります。

　<u>単位を表示しつつ、計算も行いたい場合は、表示形式を使って単位を表示するようにします</u>。すると、セルには「○○○円」と表示されているのに、実際のセルの値は数値のみになり、計算が可能です。

● ［セルの書式設定］ダイアログを表示する

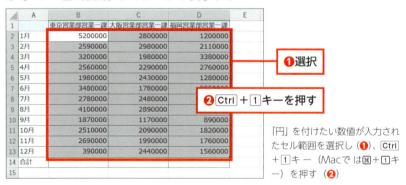

「円」を付けたい数値が入力されたセル範囲を選択し（❶）、Ctrl ＋ 1 キー（Macでは⌘＋1 キー）を押す（❷）

POINT

　［セルの書式設定］ダイアログは、数値や文字列の形式を適切に設定するために欠かせないものです。リボンや右クリックで開くこともできますが、頻繁に使うことになるので、上記の手順で紹介したショートカットキーをぜひ覚えておきましょう。なお、このショートカットキーでは、テンキーではなく文字キーの上部にある「1」キーを押す必要があるので注意してください。

お金の計算時に単位の「円」を入力してはいけない

● 値に「円」を付けるための設定

[セルの書式設定]ダイアログが表示されたら、[表示形式]タブの[分類]で[ユーザー定義]を選択し（❶）、[種類]に「#,###"円"」を入力する（❷）

● セル範囲に表示形式が反映される

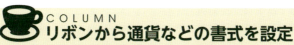

	東京営業部営業一課	大阪営業部営業一課	福岡営業部営業一課		
1月	5,200,000円	2,800,000円	1,200,000円		
2月	2,590,000円	2,980,000円	2,110,000円		
3月	3,200,000円	1,980,000円	3,380,000円		
4月	2,560,000円	2,290,000円	2,760,000円		

セル内の値の後ろに「円」が表示されるようになる（❶）。実際に入力されているのは数値だけなので、数式バーには値のみが表示される（❷）。この状態なら数式による計算が可能だ

COLUMN
リボンから通貨などの書式を設定

[ホーム]タブの[数値]グループにあるドロップダウンリストを使って、通貨などの表示形式を設定することもできます。ただし、この方法では選択できる形式が少なく、詳細な設定はできないので、形式を細かく指定したい場合は[セルの書式設定]ダイアログを使いましょう。

[ホーム]タブの[数値]グループで[▼]をクリックして（❶）、表示形式を選択する（❷）

2-04 郵便番号の区切りの「-」は入力してはならない

時短40分

7桁の郵便番号は、前半3桁と後半4桁の間にハイフンを入れる場面が多いのですが、ハイフンなしで入力しなければならないアプリにデータを転用する際にじゃまになってしまいます。いちいちハイフンを削除したり追加したりせずに済ませるためには、どうしたらよいでしょうか。

表示形式を変更してハイフンを表示する

　郵便番号の前半3桁と後半4桁の間にハイフンを表示したいとき、一番の"悪手"は手作業でハイフンを入力することです。セルの値をいちいち修正していると、時間がかかってしまいます。楽なのは関数で入力する方法ですが、いったんハイフンを入力してしまうと、今度はハイフン不要の場面でハイフンを削除する関数を作るなどの手順が必要になります。

　もっともシンプルで強力な方法は、**ハイフンなしの郵便番号を表示形式でハイフンありに見せかける**ことです。郵便番号なら、あらかじめ用意されている表示形式の中から選べるので、面倒なカスタマイズなしで7桁の数字を3桁＋ハイフン＋4桁として表示できます。

● セルを選択して書式設定を開始

郵便番号が入力されたセル範囲を選択し（❶）、Ctrl＋1キー（Macでは⌘＋1キー）を押す（❷）

郵便番号の区切りの「-」は入力してはならない

● 表示形式を「郵便番号」に設定

[セルの書式設定] ダイアログが表示されたら、[表示形式] タブの [分類] で [その他] を選択し（❶）、[種類] で [郵便番号] を選択する（❷）。選択できたら、[OK] をクリックする

● 郵便番号がハイフン区切りになる

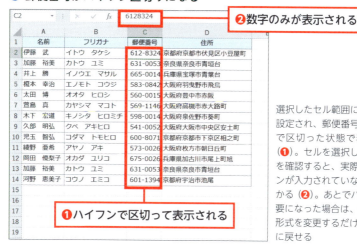

選択したセル範囲に表示形式が設定され、郵便番号がハイフンで区切った状態で表示される（❶）。セルを選択して数式バーを確認すると、実際にはハイフンが入力されていないことがわかる（❷）。あとでハイフンが不要になった場合は、セルの表示形式を変更するだけで簡単に元に戻せる

POINT

　セルの表示形式が [標準] になったままの状態で、「0」から始まる郵便番号を入力すると、先頭の「0」が非表示になってしまいます。これは、郵便番号が数値として認識されるからです。しかし、ここで説明した方法で表示形式を [郵便番号] に変更すれば、先頭の「0」も問題なく表示されるようになります。また、[分類] で [ユーザー定義] を選択し、[種類] に「###-####」と入力しても同じ結果が得られます。

2-05 セルの背景色を直接設定してはいけない

セルを目立たせたいときに、セルの背景色を目立つ色に設定したいケースは多いでしょう。通常は［塗りつぶしの色］でいちいち設定したくなりますが、それは非常に非効率的なやり方です。

できるだけ条件付き書式を利用する

「このセルを目立たせたい」と思ったとき、どうしますか。セルの背景色を目立つ色に設定するのが、もっとも効果的だと思う人は多いでしょう。では、やり方はどうしますか。リボンの［ホーム］タブの［塗りつぶしの色］で設定する人が大半ではないでしょうか。1箇所や2箇所なら、それで問題ありませんが、10箇所、20箇所となれば大変です。しかも、その色を変えたくなったとき、背景色を変更したセルの数が多くなると、手間も増えてしまいます。

そこで思い出してほしいのが、「条件付き書式」です。条件付き書式なら、あとから色を変更するのも一括でできます。強調したいセルに法則性がない場合は、手作業でも仕方ありませんが、**もし特定の数値以上の値が入ったセルや、特定の文字列を含むセルに背景色を設定したいなら、条件付き書式を利用するとかなり手間を減らすことができます**。書式を適用するための条件は細かく指定でき、背景色のほかにフォントや罫線などを変えることもできます。また、条件付き書式の設定後にセルの数値や文字列を変更した場合、指定したルールに沿って自動的に書式が変更され、そのつど設定し直す手間がかからないのもメリットです。

POINT

セルの背景色などの書式を変更する方法としては、「セルのスタイル」という機能もあります。背景色やフォントなどスタイルをまとめて適用できる機能なので、強調したいセルに法則がなく、条件付き書式では処理できないときには検討してください。

● 新しいルールの作成を開始

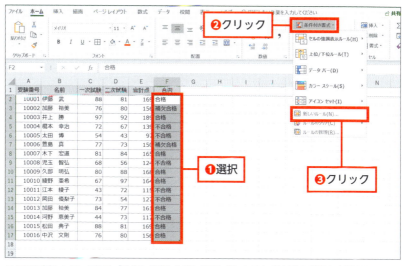

ここでは例として、列Fの「合格」「補欠合格」「不合格」にそれぞれ別の背景色を設定してみよう。まず、背景色を付けたい範囲を選択する（❶）。［ホーム］タブの［スタイル］グループで［条件付き書式］をクリックし（❷）、［新しいルール］をクリックする（❸）

● 書式を適用する条件を指定

［新しい書式ルール］ダイアログが表示される。ルールの種類として［指定の値を含むセルだけを書式設定］を選択し（❶）、書式を適用する値の条件を指定する。ここでは［特定の文字列］［次の値で始まる］を選択し、文字列を入力した（❷）。次に、［書式］をクリックする（❸）

ATTENTION

ここでは、セルの値を見て判別し、そのセルに背景色を設定しています。もしセルの値を見て判別して、ほかのセルに背景色を設定したい場合はP78以降を参照してください。ここで紹介する方法は基本として知っておかねばなりませんが、実際に時短に役立つのはP78以降で紹介する方法のほうです。

● 背景色を設定する

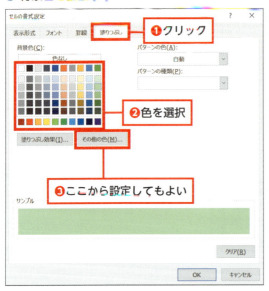

❶クリック
❷色を選択
❸ここから設定してもよい

[セルの書式設定] ダイアログが表示されたら [塗りつぶし] タブを開き (❶)、背景色を選択する (❷)。一覧にない色を使いたい場合は [その他の色] をクリックして設定しよう (❸)

● ルールに沿って書式が適用される

	A	B	C	D	E	F	G
1	受験番号	名前	一次試験	二次試験	合計点	合否	
2	10001	伊藤 武	88	81	169	合格	
3	10002	加藤 裕美	76	80	156	補欠合格	
4	10003	井上 勝	97	92	189	合格	
5	10004	榎本 幸治	72	67	139	合格	
6	10005	太田 博	54	43	97	不合格	
7	10006	萱島 真	77	73	150	補欠合格	
8	10007	木下 宏道	81	84	165	合格	
9	10008	児玉 智弘	68	56	124	不合格	
10	10009	久部 明宏	80	88	168	合格	
11	10010	綾野 亜希	67	97	164	合格	
12	10011	江本 綾子	43	72	115	不合格	
13	10012	岡田 優梨子	73	54	127	不合格	
14	10013	加藤 裕美	84	77	161	合格	
15	10014	河野 恵美子	44	73	117	不合格	
16	10015	松田 典子	88	81	169	合格	
17	10016	中沢 文則	76	80	156	合格	

❶背景色が設定された

同様の手順を繰り返して、別の文字列にも背景色を設定する。完了すると、ルールにしたがって各セルに書式が適用され、このように見分けやすくなった (❶)

POINT

セル範囲を選択した状態で、[ホーム] タブの [条件付き書式] → [ルールの管理] を選択すると、その範囲に設定されている条件付き書式の一覧を確認できます。設定済みのルールや書式を変更したり、不要になったルールを削除したりすることも可能です。

2-06 セルの背景色や文字色を一括して変更したい

時短20分

自分で作るブックなら、条件付き書式やセルのスタイルで書式を設定すればよいのですが、すでに設定したあとのブックを渡されたときは、どうすればいいでしょうか。

検索・置換機能で変更する

前節では、セルの背景色を設定する場合、できるだけ条件付き書式を使うべきだと述べました。では、別の人からもらったブックで、条件付き書式を使わずにセルの背景色を設定してあった場合、一括して背景色を変更したいときはどうすればいいのでしょうか。

諦めてしまい、いちいちセルを選択して変更する人も多いかもしれませんが、これは大変な時間のムダです。そういった単純作業こそ、パソコンにやらせるべきです。幸いなことに**エクセルには書式を検索・置換する機能が搭載されています。書式を検索し、ヒットしたセルに別の書式を適用すれば、背景色を一瞬で変更できます。**

ただし、いろいろな色が設定してある場合は、この機能では手間があまり減らないかもしれません。

● 置換のオプションを開く

Ctrl+Hキーを押すと（❶）、[検索と置換]ダイアログの[置換]タブが開くので、[オプション]をクリックする（❷）

ATTENTION

Mac版のエクセルは文字の置換にしか対応していません。そのため、ここで説明している機能は利用できません。

● 変更対象の書式を指定する

[検索する文字列］の右にある［書式］の［▼］をクリックし（❶）、［セルから書式を選択］を選ぶ（❷）。次に、書式を変更したいセルをクリックする（❸）

● 変更後の書式を設定する

選択したセルから書式が読み込まれ、プレビューが表示される。次に、［置換後の文字列］の右にある［書式］をクリックして新しい書式を設定し（❶）、［すべて置換］をクリックする（❷）

● 書式が一括で置換される

	A	B	C	D	E	F	G	H	I
1		田中	藤本	川原	楠田	木下	斎藤		
2	第1回	○	○	△	×	×	△		
3	第2回	×	×	○	△	×	○		
4	第3回	○	△	△	△	△	△		
5	第4回	○	○	○	○	○	×		
6	第5回	△	○	×	○	○	○		
7	第6回	×	×	○	○	×	○		
8	第7回	○	△	△	△	○			
9	第8回	○	△	△	○	×	○		

❶背景色が変更された

指定した書式のセルがシート全体から検索され、一括で新しい書式に変更される（❶）

表示形式の「#,##0」と「#,###」はどう違う？

セルの表示形式で「ユーザー定義」を使うと、数値などの表示形式を柔軟に設定できます。ただ、記述に使用する記号の意味をしっかり把握していないと、不適切な形式を指定してしまい、意図しない表示になることがあります。特に「#」と「0」は間違いやすいので要注意です。

数値が「1」未満の場合には表示が異なる

「#,##0」と「#,###」は、どちらも数値の小数点以下を四捨五入し、カンマ区切りにして表示したいときに使います。しかし、末尾を「0」にするか「#」にするかで、数値によっては表示が変わります。

末尾の「0」には、「その桁に値が存在しない場合、0を返す」という意味があります。表示形式が「#,###」の場合、1の位に値がない、つまり数値が「1」未満のときは、セル内に何も表示されません。一方、表示形式が「#,##0」の場合は、1の位に値がなければ「0」と表示されるのです。見積書や請求書など、金額が存在しないセルに「0」が表示されると見栄えが悪い場合は「#,###」、売上の集計などで明示的に「0」であることを示したい場合は「#,##0」というように使い分けるとよいでしょう。

同様に、小数点以下の桁数を指定するときも「#.##0」と「#.###」では表示が変わるので、ぜひ覚えておきましょう。

● 「0」を非表示にしたいなら「#,###」

セルC3の表示形式を「#,###」に設定した（❶）。数式バーを見ると、実際の値は「0」だとわかるが（❷）、セルには何も表示されない（❸）。「0」と表示させたい場合は「#,##0」に設定しよう

セル結合という機能は忘れよう

時短40分

セル結合は大変便利なので、常用している人も多いでしょう。しかし、実はいろいろなエラーを引き起こす原因なのです。

いろいろな機能が使えなくなってしまう

エクセルを少しでも使ったことがあれば、セル結合をしたことがない人はいないでしょう。見やすい表を作るには必須だと思われがちですが、当然のように使っていると、いろいろな場面で不都合が生じます。

どんな場面で問題が起こるか、まず見てみましょう。

● 行や列の選択が不便になる

❶2行目をドラッグして選択

❷2〜4行目まで選択されてしまう

2行目だけを選択しようとすると（❶）、結合したセルがある場合、複数の行や列が選択されてしまう（❷）

● データを並べ替えられない

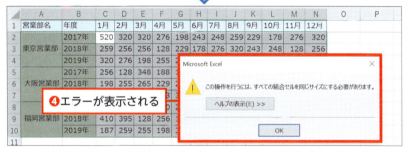

データを並べ替える列のセルを選択し（❶）、[ホーム]タブの[編集]グループで、[並べ替えとフィルター]をクリックし（❷）、[昇順]または[降順]をクリックする（❸）。結合したセルがあると、エラーメッセージが表示されて並べ替えられない（❹）

● フィルターで正しく抽出できない

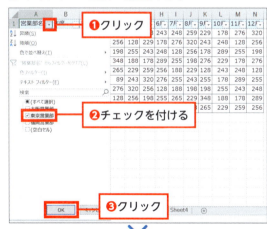

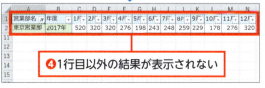

フィルターを有効にして行見出しの[▼]をクリック（❶）。抽出したい項目だけにチェックを付け（❷）、[OK]をクリックする（❸）。本来抽出されるデータがすべて表示されず、先頭行のデータのみ抽出されてしまう（❹）

● **コピー＆ペーストができない**

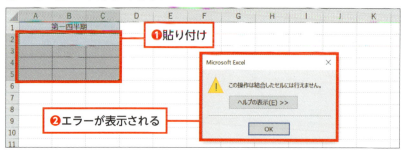

別のセル範囲からコピーしたデータを、結合したセルがある場所に貼り付けようとすると（❶）、結合したセルと同じ大きさでない場合はエラーが表示されてしまう（❷）

ATTENTION

結合したセルと同じ大きさで貼り付けた場合、セルの結合が解除されて貼り付けられます。そのため、表が崩れて見づらくなる恐れがあります。

このように、いくつもの機能がうまく動作しなくなってしまいます。見やすくして顧客に提出しなければならない書類は仕方ないにしても、**同じ部課内で共有している程度であれば、見た目を多少犠牲にしてでも、セル結合を使わないほうが時短につながります**。どうしても使いたいときは、できるだけブックの編集が終わってからにしたほうがいいでしょう。

もしどうしてもセル結合して中央揃えにしたいときは、横方向であれば、複数のセルを選択して［セルの書式設定］ダイアログで［選択範囲内で中央］を設定してみてもいいでしょう。ただし、値が表示されている場所と、その値が入力されているセルの位置が大きく離れていることがあります。この機能を知らないと値の編集ができず、困ってしまう人も出てくるかもしれないことに注意してください。

● **セルを結合せずに中央揃えにする**

たとえば「セルA1～A3を結合せずに、文字列を中央に表示させたい」という場合は、それらのセルをすべて選択した状態で［セルの書式設定］ダイアログを開く。［配置］タブを開く（❶）、［横位置］で［選択範囲内で中央］を選べばよい（❷）

勤務時間を足して、正しい時間を得るには

エクセルで時間の合計などを求めるとき、正しい計算結果が得られないことがよくあります。原因としてまず考えられるのが、計算結果を表示するセルの書式が適切に設定されていないというケースです。

24時間を超える場合は表示形式の見直しを

エクセルでは、「8:30」などと入力すると自動的に時刻として認識され、加減などの計算を行うことも可能です。たとえば「終業時刻から始業時刻を引き、さらに休憩時間を引く」という計算をすれば、勤務時間を求めることができます。

ただし、計算結果が24時間（1日）を超えた場合、セルの表示形式が「時刻」になっていると、日数を除いた部分だけが「h:mm:ss」の形式で表示されます（hは時間、mmは分、ssは秒）。そのため、正しい計算結果を把握できません。このような場合は、**セルの書式設定を変更し、表示形式を「[h]:mm」にしましょう。[h]は24時間を超えた時間を日数に換算せず、そのまま表示するための形式です**。こうすれば、1か月分の勤務時間を合計するといった計算でも、正しい結果が得られます。

● 時間を正しく表示できる形式に変更

[セルの書式設定] ダイアログの [表示形式] タブを開き、[分類] で [ユーザー定義] を選択して（❶）、[種類] に [[h]:mm] と入力する（❷）。これで、24時間を超える場合も正しい値が表示されるようになる（❸）

2-10 縦横に長い表の見通しをよくするには

時短20分

縦横のサイズが大きくて全体が1画面に収まらない表は、スクロールしないと端まで見ることができず、扱いにくいものです。そこで、不要なときは一部の行や列を折りたたんで、見やすく表示できるようにしましょう。

行や列をグループ化して折りたたむ

　エクセルには、行や列を一時的に「非表示」にする機能があります。行または列を選択して右クリックし、[非表示]を選択するだけで簡単に実行できますが、この方法はあまりおすすめできません。理由の1つは、非表示にした行や列があとから見るとわかりにくいこと。もう1つは、再表示の操作がやや面倒なことです。

　そこで、**もっと便利な方法として「グループ化」の機能を使ってみましょう。複数の行または列をグループ化すると、行番号の上または列番号の左に[-]ボタンが表示され、クリックすると折りたたむことができます。**再度表示したいときは、[+]ボタンをクリックすれば簡単に展開できます。グループ化した箇所がひと目でわかる点も便利です。

● グループを設定する

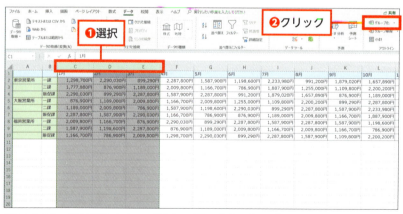

折りたたみたい行の見出しをすべて選択する（❶）。[データ]タブの[アウトライン]グループで[グループ化]をクリックする（❷）

第2章　工夫すれば百人力！　書式設定のツボを知っておく

縦横に長い表の見通しをよくするには

● グループを折りたたむ

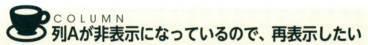

列番号の上に表示された［-］をクリックする（❶）。グループ化された列が折りたたまれる（❷）

POINT

行をグループ化する場合も、同様の手順で行います。

COLUMN
列Aが非表示になっているので、再表示したい

　不要な行や列を一時的に隠したいときは、非表示にすることができます。非表示にした箇所に隣接する境界線（列Bを非表示にした場合は列Aと列Cの間）を右クリックして［再表示］を選択すれば、ふたたび表示されます。ただ、シートの先頭である列Aや行1を非表示にした場合、この方法ではうまく再表示できないことがあります。そんなときは［名前］ボックスを使ってセルA1へジャンプし、リボンから操作して再表示しましょう。

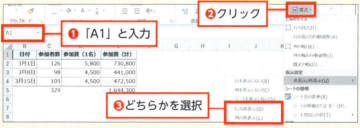

［名前］ボックスに「A1」と入力して（❶）、Enterキーを押す。［ホーム］タブの［セル］グループで［書式］をクリックし（❷）、［非表示／再表示］→［列の再表示］または［行の再表示］を選択する（❸）

カレンダーで土曜日は背景を青に、日祝は赤にしたい

予定表などを作成するとき、土曜日は青、日曜日と祝日は赤というように、行全体に色を付けておくと見やすくなります。条件付き書式で数式を使用すれば、ルールを自在に作成して書式を指定することが可能です。

条件付き書式の応用で行全体に色を付ける

　ここでは、曜日のセルに「土」と入力されていれば行全体の背景を青、「日」または「祝」と入力されていれば赤にする方法を解説します。

　条件付き書式を使って、特定の文字列が入力されているセルに色を付ける方法は、すでにP66で説明しました。しかし、**行全体に色を付ける、つまり文字列があるセルとは別の範囲も含めて書式を設定したい場合は、[指定の値を含むセルだけを書式設定]ではルールを設定できません。代わりに、数式を使用して書式設定を行います。**

　曜日を列Bに入力する場合、土曜日なら「=$B1="土"」、日曜日なら「=$B1="日"」という数式で条件を指定できます。「$B1」と複合参照でセルを指定するのがポイントです。あとは背景の色を指定し、書式を適用する範囲を表全体またはシート全体にすればOKです。

　一方、祝日の場合は列Bに「木・祝」などと入力しているのであれば、書式を設定する条件が「末尾が『祝』となっている文字列」となります。このような場合はCOUNTIF関数を使用し、「=COUNTIF($B1,"*祝")」とします。「*」はワイルドカードと呼ばれ、任意の文字列を示す記号です。これで、「月・祝」や「水・祝」など、すべての曜日との組み合わせが条件に一致することになります。ちなみに「=$B1="土"」という数式は、「土」に完全一致する場合のみが条件になるため、「土・祝」と入力されていた場合は背景色が赤（祝日に指定した色）になります。

　関数というと難しそうに思えるかもしれませんが、ここで説明する手順のとおりに入力すれば大丈夫なので、ぜひ試してみてください。予定表などを頻繁に作るなら、長い目で見ると大幅な時短につながるはずです。

● 範囲を選択して設定を開始

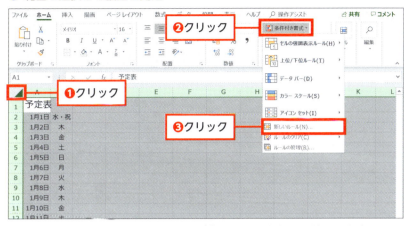

まず、書式を設定したいセル範囲を選択する。土日や祝日の行全体に色を付けたい場合は、シート全体を選択しよう（❶）。[ホーム] タブの [スタイル] グループで [条件付き書式] をクリックし（❷）、[新しいルール] を選択する（❸）

● 数式を使ってルールを作成

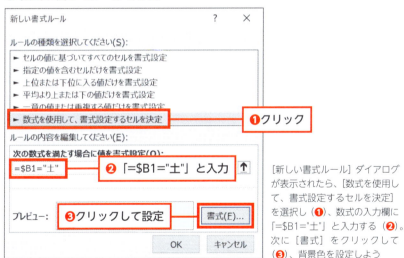

[新しい書式ルール] ダイアログが表示されたら、[数式を使用して、書式設定するセルを決定] を選択し（❶）、数式の入力欄に「=$B1="土"」と入力する（❷）。次に [書式] をクリックして（❸）、背景色を設定しよう

ATTENTION

数式は「土」などの文字以外は半角で入力します。また、数式を入力しているときにカーソルキーを押すと、入力内容が勝手に書き換わってしまいます。入力中にカーソルを移動させたいときは、マウスを使いましょう。

● 設定した書式が反映される

❶土曜日の背景が青になった

ルールが正しく設定できていれば、土曜日の行に背景色が付くはずなので確認しよう（❶）。このあと、同様の手順で［新しい書式ルール］ダイアログを開き、日曜日や祝日の書式を設定していく。日曜の場合は数式が「=$B1="日"」となるが、それ以外の手順は土曜日と同じだ。

● 祝日の書式ルールは関数を使う

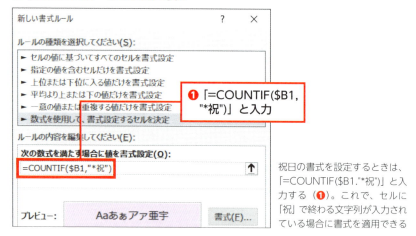

❶「=COUNTIF($B1,"*祝")」と入力

祝日の書式を設定するときは、「=COUNTIF($B1,"*祝")」と入力する（❶）。これで、セルに「祝」で終わる文字列が入力されている場合に書式を適用できる

ATTENTION

この例では1行目に見出しがあり、2行目以降に日付が入力されていますが、何行目から日付が始まる場合でも、数式で参照するセルは「$B1」となります。「$B2」などと入力してしまうと、曜日と背景色がずれてしまうので注意しましょう。なお、列を示す「$B」は、曜日が入力されている列に合わせて「$C1」などと変更してください。

● 背景色の付いたカレンダーが完成

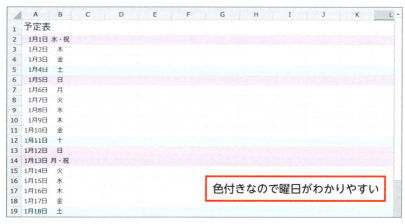

色付きなので曜日がわかりやすい

ここまでの設定が完了すると、土曜日と日祝にそれぞれ色が付いたカレンダーになる。オートフィルなどで下の行へ日付を追加しても、自動的に同じ書式が設定されるので手間がかからない

POINT

うまく書式が反映されない場合は、[ホーム]タブの[条件付き書式]→[ルールの管理]を開き、設定内容に問題がないか確認してみましょう。原因としてまず考えられるのが、数式の入力ミスです。また、書式の適用先となるセル範囲を誤って指定している可能性もあります。

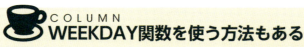

WEEKDAY関数を使う方法もある

曜日を条件としてルールを作成するには、WEEKDAY関数を使用する方法もあります。WEEKDAY関数は日付のシリアル値から曜日の値を返す関数で、土曜日は「7」、日曜日は「1」となります。日付が列Aに入力されていれば、「=WEEKDAY($A1)=1」で日曜日を指定できます。この方法は、曜日を入力していない表でも使えるのがメリットです。

また、祝日を指定するときは、厳密にやりたいなら別のシートに祝日のリストを用意しておき、VLOOKUP関数でそのシートを参照するという方法を使います。ただ、リストを用意するのに手間がかかるため、ここで紹介した方法のほうが手軽でしょう。

セルの値が数値なのか数式なのかをひと目で知りたい

セルの中身が数値なのか数式・関数が入っているかを知りたいときは、セルを選択して数式バーを見るのが一般的でしょう。しかし、それでは大きな表になったときに、確認作業にかかる時間が大変なことになります。

ISFORMULA関数と条件付き書式を組み合わせる

数値や文字列などの値が入っているセルと、数式や関数が入っているセルが混在している表では、行や列を移動・削除するときに注意しなければなりません。値が入っているセルなら、ほかの行や列を削除しても値は変化しませんが、数式や関数が入っていると、参照元のセルを削除するとエラーになったり、結果が変わったりしてしまいます。

どのセルを触ってはいけないかを知りたいなら、数式・関数が入っているかどうかをISFORMULA関数で調べてみます。数式・関数ならTRUE、数値や文字列ならFALSEが返ってきます。**返り値がTRUEのセルのみ、背景色を設定するように条件付き書式で設定しておけばよいでしょう**。

ただし、注意しなければならないのはセル参照を含まない「=4+3」のような数式でもTRUEが返ってくることです。そういうセルはほかの行や列を削除しても影響はありません。セル参照を含まない数式は、現実には多用されることはないでしょうが、気になるようなら「=」で検索すれば、数式をすべて探し出すことができます。なお、Mac版エクセルでは、数式に使われる「=」は検索できません。

POINT

セル参照に関するトラブルを防ぐには、数式や関数を入力する際に絶対参照と相対参照を適切に使い分けることも重要です。P102で詳しく解説していますので、ぜひ参考にしてください。

● セル範囲を指定して条件付き書式を設定

数値と数式を判別したいセル範囲を選択しておく。[ホーム] タブの [スタイル] グループで [条件付き書式] → [新しいルール] を選択し、[数式を使用して、書式設定するセルを決定] を選択 (❶)。「=ISFORMULA(A1)」と入力する (❷)。[書式] をクリックして (❸)、背景色を設定する

● 背景色で数式を判別できる

	A	B	C	D	E	F
1	日付	始業時間	就業時間	休憩時間	勤務時間	
2	1月1日(火)				0:00	
3	1月2日(水)				0:00	
4	1月3日(木)				0:00	
5	1月4日(金)	8:30	18:30	1:00	9:00	
6	1月5日(土)	8:30	19:45	1:00	10:15	
7	1月6日(日)				0:00	
8	1月7日(月)				0:00	
9	1月8日(火)	8:30	17:00	1:00	7:30	
10	1月9日(水)	8:30	18:30	1:00	9:00	
11	1月10日(木)	8:30	19:00	1:00	9:30	
12	1月11日(金)	8:30	18:30	1:00	9:00	
13	1月12日(土)	8:30	20:00	1:00	10:30	
14	1月13日(日)				0:00	
15	1月14日(月)				0:00	
16	1月15日(火)	11:30	19:45	1:00	7:15	
17	1月16日(水)	11:30	22:00	1:00	9:30	
18	1月17日(木)	11:30	23:15	1:00	10:45	
19	1月18日(金)	11:30	21:30	1:00	9:00	
20	1月19日(土)	11:30	22:30	1:00	10:00	

❶数式の入ったセルだけ色が変わる

数式が入力されたセルのみに指定した書式が適用され、ひと目で見分けられるようになる (❶)

2-13 書式を文字列に設定せずに先頭に0が来る数字を表示したい

時短10分

「0」から始まる数字は、エクセルには数値として認識されます。しかし、製品番号など数字だけからなる値で、最初の「0」を省略されては困るケースもあるでしょう。そんなときは、セルの表示形式をカスタマイズします。

🕐 セルの表示形式で種類を「0000」に設定する

　数字の「0」から始まり、数字のみからなる値をセルに入力すると、数値とみなされて、先頭の「0」が表示されません。これを避けるには、セルを文字列に変更する方法が一般的でしょう。しかし、数字のみからなる値の入ったセルの表示形式を文字列に設定すると、セルの左上隅に緑色の三角が表示されて「数値が文字列として保存されています」というエラーが表示されます。

　エラーチェックのオプションを変更し、このエラーを非表示にしてもよいのですが、それでは本当に数値の入ったセルを文字列に設定したときにエラーが表示されず、困ったことになる可能性があります。**そんなときは、数値のままで先頭の「0」も表示されるように、表示形式を変更しましょう。**

ATTENTION

　ここで紹介する方法を利用できるのは、数字の桁数が決まっているときに限ります。入力する数値の桁数が変わっても先頭の「0」を表示したいときは、やはりセルを文字列に設定するしかありません。

書式を文字列に設定せずに先頭に0が来る数字を表示したい

● ［セルの書式設定］ダイアログを表示する

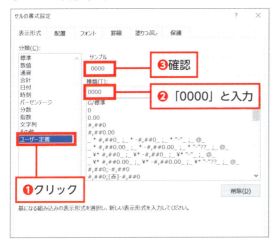

ここではセルに4桁の数値が入るとする。先頭に0を表示したい範囲を選択し（❶）、Ctrl＋1キー（Macでは⌘＋1キー）を押す（❷）

● セルの表示形式を設定する

［分類］で［ユーザー定義］をクリックし（❶）、［種類］に「0000」と入力する（❷）。［サンプル］に先頭のセルの値が正しく表示されていることを確認しよう（❸）

POINT

郵便番号や東京03から始まる電話番号は、［分類］で［その他］を選択して［種類］で［郵便番号］や［電話番号(東京)］を選べば、うまく表示されます。もし東京03から始まる電話番号を手動で設定したいなら、［分類］で［ユーザー定義］を選択して［種類］に「0#-####-####」とします。すると、「0311111111」と入力すると「03-1111-1111」と表示されます。

2-14 字下げしたいときにスペースを使ってはダメ！

時短10分

字下げしたいとき、どうしてもスペースを使ってしまいがちですが、あとでスペースを削除したくなると大変面倒な操作が必要になります。字下げは、インデント機能でスマートにやってしまいましょう。

インデント機能を利用する

　数値の右隣のセルに文字列が入力されていると、数値と文字列の間があまり空かないため、見栄えがよくありません。しかし、文字列を字下げしたいからといって値の先頭に空白を挿入すると、検索時にヒットしないなど、面倒な問題が起こることがあります。**そんなときは、セルにインデントを設定しましょう。[ホーム]タブの[配置]グループで[インデントを増やす]をクリックすれば、スペースを挿入することなく、好きなだけ字下げできます。** 値が右寄せになっている場合は、値の末尾から左に向かってインデントを設定することになります。

● [セルの書式設定] ダイアログを表示する

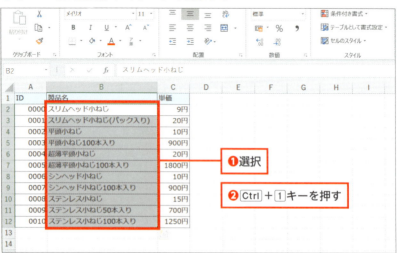

インデントを設定したいセル範囲を選択し（❶）、Ctrl + 1 キー（Macでは⌘+1キー）を押す（❷）

第2章　工夫すれば百人力！書式設定のツボを知っておく

● セルにインデントを設定する

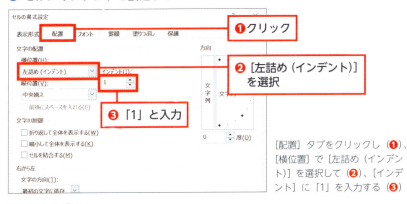

[配置] タブをクリックし（❶）、[横位置] で [左詰め（インデント）] を選択して（❷）、[インデント] に「1」を入力する（❸）

> **POINT**
> [インデント] で「1」を設定すると、全角1文字分ずらすことができます。

ここまでに紹介した方法では全角1文字分のインデントを入れられます。もし半角1文字分のインデントを入れたいときは、左寄せの文字列なら「△@」（△は半角スペース）、右寄せの数値なら「#△」または「0△」とします。ただし、ややトリッキーな書式設定なので、使う場面は見極めたほうがいいでしょう。

● 半角のインデントを設定する

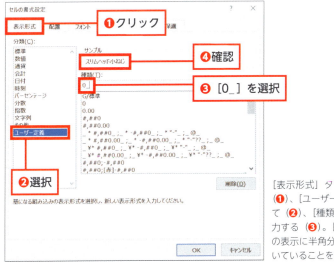

[表示形式] タブをクリックし（❶）、[ユーザー定義] を選択して（❷）、[種類] に「0_」を入力する（❸）。[サンプル] で値の表示に半角分のスペースが空いていることを確認しよう（❹）

2-15 分数を入力し、さらに計算する方法を知りたい

エクセルの分数に関する機能は、意外と豊富に用意されています。場面を限定すれば、計算も実行できるので、小数での表示よりも便利そうなら使ってみましょう。

「0 1/8」のように入力する

エクセルでは、セルに分数を入力することができます。たとえば、「0.125」と小数で入力しておき、表示形式を分数に変更すれば、「1/8」となります。あらかじめ、セルの書式を分数にしておけば、小数で入力しても確定すれば分数表示になります。

じゃあ、最初から「1/8」と入力すればいいのではと思うかもしれませんが、実際にやってみると日付だと理解されて、「1月8日」と表示されてしまいます。**この入力方法で分数を入力したいなら、「0△1/8」（△は半角スペース）と入力すべきです。帯分数なら「1△1/8」のようにします。**

もし計算しなくてもよくて、表示だけ分数のようにしたいなら、セルの表示形式を文字列にするか、「'1/8」のように最初にシングルクォーテーションを付けます。

ただし、エクセルは分数計算が得意ではありません。分母が同じ分数同士や、1/8、1/4といった割り切れる分数でなければ、近似計算になってしまい、正解が出てこないこともあります。

ATTENTION

特に1/3など循環小数になる分数を含む計算には注意したほうがいいでしょう。たとえば、「1/3＋4/5」（答えは$1\frac{2}{15}$）を計算すると「1△1/8」（$1\frac{1}{8}$）という値が出てきます。近い値ではありますが、正解とはいえません。

第2章 工夫すれば百人力！ 書式設定のツボを知っておく

分母が3桁の分数と2桁の分数が縦に並んでいると、分数を表すスラッシュの位置が不揃いになります。どうしても気になるなら、分母の桁数を設定します。

● **分母を3桁に設定する**

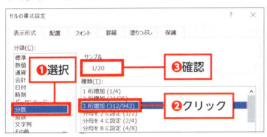

スラッシュの位置を3桁の分数に合わせたいとき、［セルの書式設定］ダイアログの［表示形式］タブを表示して、［分類］で［分数］を選択し（❶）、［種類］で［3桁増加］を選択する（❷）。［サンプル］に表示される分数を確認する（❸）

ATTENTION

もし［3桁増加］を選択して、分母が4桁の分数を入力すると、近似値が表示されてしまいます。

POINT

もし4桁以上の分数とスラッシュの位置を合わせたいなら、［ユーザー定義］で「????/????」と設定します。また、帯分数にしたいときは「# ????/?????」と入力します。

通常、分数は自動的に約分した状態で表示されます。もし分母が決まっていて、しかも約分されたくないなら、分母を入力してしまう手もあります。指定した分母と異なる分数を入力した場合、指定した分母で再計算した分数が表示されますが、値は近似値となります。

● **分母を指定して変更する**

［分類］で［ユーザー定義］を選択し（❶）、［種類］に「????/(指定したい分母の値)」と入力する（❷）。［サンプル］に表示される分数を確認する（❸）

桁数の多い金額を千円単位や百万円単位で表示したい

時短10分

桁数の多い数字は読み取りづらく、うっとうしいものです。下3桁あるいは下6桁を隠しても意味がわかるなら、桁数を減らしてしまうといいでしょう。

表示形式を工夫する

決算書のように、桁数が多い数値を含む表では、単位を「千円」や「百万円」にして読みやすくするケースがよく見られます。ぱっと思いつくのは、計算用のセルを別途用意して、そこに本当の値を入れておき、表示する際に千または百万で割る方法です。これが正攻法ですが、印刷前提の表に計算用のセルを配置すると、意外と面倒なことになりがちです。

そんなときは、表示形式を設定することで割り算することなく、桁数を減らしましょう。千や百万なら簡単です。

● 百万円単位で表示する

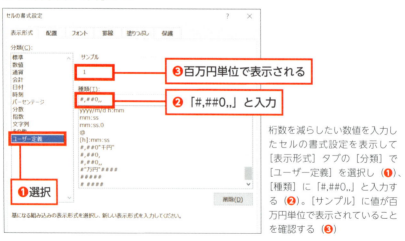

桁数を減らしたい数値を入力したセルの書式設定を表示して［表示形式］タブの［分類］で［ユーザー定義］を選択し（❶）、［種類］に「#,##0,,」と入力する（❷）。［サンプル］に値が百万円単位で表示されていることを確認する（❸）

POINT

「○○百万円」と表示したいときは、「#,##0,,"百万円"」と入力します。

桁数の多い金額を千円単位や百万円単位で表示したい

● 千円単位で表示する

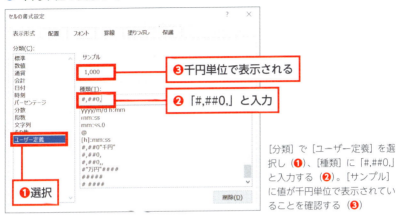

[分類]で[ユーザー定義]を選択し（❶）、[種類]に「#,##0,」と入力する（❷）。[サンプル]に値が千円単位で表示されていることを確認する（❸）

> **COLUMN**
> ## 万円単位で表示するには
>
> 万単位で表示するための変数は用意されていませんが、少し工夫するだけで万単位でも表示できます。はじめに、[ユーザー定義]で[種類]に「#」を入力します（❶）。次にCtrl+Jキーを押します（❷）。カーソルが改行されて見えなくなりますが、そのまま「####」を入力します（❸）。次に[配置]タブをクリックし（❹）、[折り返して全体を表示する]にチェックを付けます（❺）。この方法は、下4桁を改行しています。そのため、セルでは万円単位で表示されたように見えます。ただし、セルの高さを広げると、下の4桁が見えてしまいます。なお、Macでは改行の制御コードが異なるため、この方法は利用できません。

通貨の表示形式をロシア風に変更したい

日本と米国では、通貨単位以外、通貨の表記方法はほぼ同じです。しかし、日本とはかなり異なる表記方法が一般的な国もあります。もしその国のルールにしたがって通貨を表記しなければならないとしたら、どうすればよいでしょうか。

表示形式を変更する

数字の前に円記号「¥」を表示したいとき、通貨記号をセルに入力してはいけません。「¥12,345」などと入力してしまうと、そのセルは文字列になってしまい、計算できません。

通貨のような表記をしたいなら、セルの表示形式で［通貨］を選ぶようにします。すると、値が「12345」なのに「¥12,345」と表示されるようになります。

● 数値を通貨として表示する

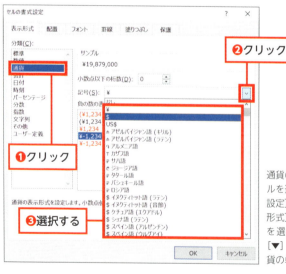

通貨の表示形式を変更したいセルを選択してから［セルの書式設定］ダイアログを開き、［表示形式］タブの［分類］で［通貨］を選択（❶）。［記号］の右の［▼］をクリックして（❷）、通貨の単位を選択する（❸）

通貨の表示形式をロシア風に変更したい

これで問題は解決したかに思えますが、世界の通貨の中には、3桁ごとの区切りがカンマでないものや、小数点にカンマを使うものがあります。たとえば、ロシアの通貨単位は「ルーブル」ですが、桁区切りには半角スペース、小数点にはカンマを使うため、ロシアでの表記は「12 345,00 p」のようになります。

前の手順で通貨の単位を選ぶ際、ロシア語を選べば、単位は正しく表示されますが、桁区切りと小数点はうまくいきません。これを変更するには、[Excelのオプション] ダイアログから設定します。

ATTENTION

この方法では、すべての数字がロシア語風になってしまいます。部分的に変更する方法は、末尾のコラムを参照してください。

● オプションのダイアログを表示する

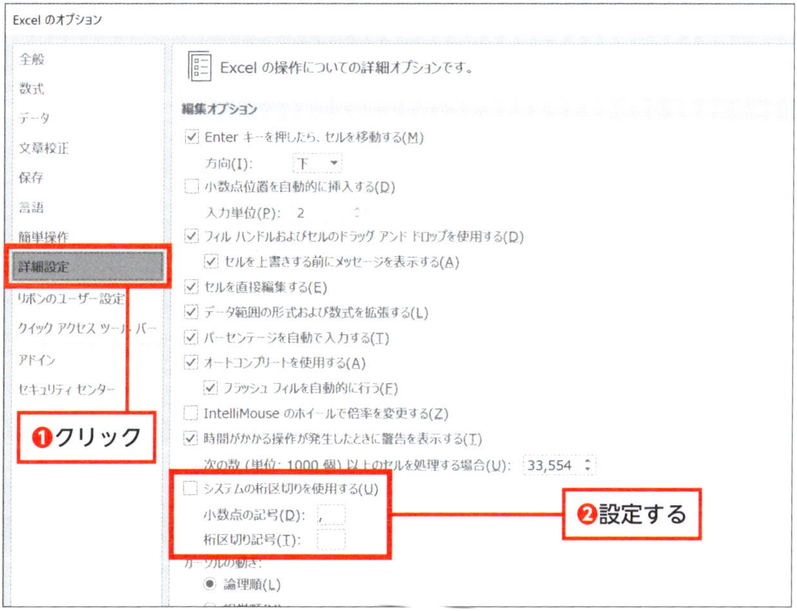

Backstageビューで [オプション] を選択し、[Excelのオプション] ダイアログを表示する。[詳細設定] をクリックして（❶）、[システムの桁区切りを使用する] のチェックを外して、[小数点の記号] に「,」、[桁区切り記号] に半角スペースを入力する（❷）

● 通貨の設定をロシア語に変更する

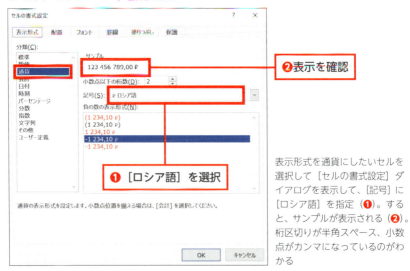

表示形式を通貨にしたいセルを選択して［セルの書式設定］ダイアログを表示して、［記号］に［ロシア語］を指定（❶）。すると、サンプルが表示される（❷）。桁区切りが半角スペース、小数点がカンマになっているのがわかる

> **COLUMN**
> # 関数を使って同様の結果を得るには
>
> 　本節で紹介した方法では、いちいちオプションを変更しなければならないだけでなく、日本円とロシアのルーブルなどの表記を混在させることができません。どうしても混在させたいなら、関数を使うしかないでしょう。
> 　ここでは、スイスフランを関数で表示してみます。スイスでは桁区切りは「'」（アポストロフィ）です。考え方としては、FIXED関数で文字列に変換してから、SUBSTITUTE関数でコンマをアポストロフィに置換します。
>
>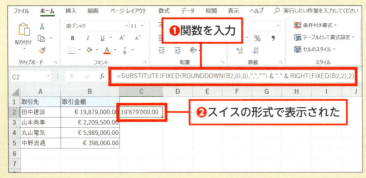
>
> 　変更した値を表示したいセルに「=SUBSTITUTE(FIXED(ROUNDDOWN(A1,0),0),",",".") & "." & RIGHT(FIXED(A1,2),2)」と入力する（❶）。スイスの形式で表示される（❷）

第 **3** 章

難関の数式・関数も こうすれば楽勝

数式・関数は、数値の計算をしたい人だけでなく、セルの値を自動的に処理したい人全員に関係のある話です。本書では、数式・関数全般について網羅的に取り上げるのではなく、知っておくと便利なテーマに絞って解説しました。自分の業務に取り入れられそうなテーマがあれば、あるいは日頃から疑問に思っているテーマがあれば、まずはそこから読んでみてください。IF関数の入れ子の減らし方、小計を簡単に求める方法、セル内改行をまとめて削除するやり方など、知っておくと便利なコツを集めてあります。また、小数計算で悩まされがちな誤差の問題や、AVERAGE関数で求められない平均の求め方など、興味深いテーマにも触れています。

3-01 数式・関数を使う前に知っておくべきこと

時短05分

数式・関数を縦横無尽に使いこなすには、専門用語を知っておく必要があります。「見たことはある」程度でもかまわないので、頭の片隅に置いておきましょう。

🕐 基本的な用語は必ず覚えておこう

エクセルでデータの処理を行うには数式や関数を利用しますが、独特の用語があるので、その意味をまずは理解しておきましょう。**直接の時短技ではありませんが、きちんと理解しておくことで作業スピードも大幅な改善が期待できます。**

●値

セルに入力された、数値や文字列などのデータです（例：「100」、「文字列」）。通常は入力されたように表示されます。

●数式

セルに入力された、数値や関数などを組み合わせた式のことです（例：「＝123＋456」）。入力された文字列ではなく、通常は演算結果が表示されます。

●演算子

数学と同じように、四則演算（加減乗除）や比較条件（〜より大きい、以下など）を表す記号です（例：「7＋4」、「5＞3」）。

種類	演算子	意味	例
算術演算子	＋	加算	＝12+34
	-	減算	＝12-34
	＊	乗算。「×」の代わり	＝12*34
	／	除算。「÷」の代わり	＝12/34
	＾	べき乗	＝2^3

数式・関数を使う前に知っておくべきこと

種類	演算子	意味	例
比較演算子	=	等しい	=IF(1=2,…
	>	（左が右）より大きい	=IF(1>2,…
	<	（左が右）より小さい	=IF(1<2,…
	>=	（左が右）と等しいかより大きい	=IF(1>=2,…
	<=	（左が右）と等しいかより小さい	=IF(1<=2,…
	<>	（左が右）と等しくない	=IF(1<>2,…
文字列演算子	&	文字列を結合する（数式の中の文字列はその前後を「"」で囲む）	="ab"&"cd"
参照演算子	,	数値などを列挙するときの区切り	=SUM(1,2,3)
	:	セル参照の範囲を指定するときの区切り	=SUM(A1:A3)
	(半角スペース)	複数のセル参照の重複部分を指定するときの区切り	=SUM(A1:A3 A2:A4)
論理演算子	AND	2つの条件がともに成り立つとき	=IF(1<2 AND 2<3,…
	OR	2つの条件のどちらかが最低限成り立つとき	=IF(1<2 OR 2<3,…
	NOT	条件式が成り立たないとき	=IF(NOT 1>2,…

比較演算子と論理演算子は、関数の動作を振り分ける際によく用いられる。条件が成り立つときは論理値「TRUE」、成り立たないときは「FALSE」が結果となる

●セル参照

特定のセルに入力されているデータを参照する記号です。通常、行と列の記号を組み合わせて「A1」「C10」などと書きます。なお、「C10」を「R3C10」と書く「R1C1形式」という記述形式もありますが、あまり使われません。

●関数

四則演算などの計算式だけでは導けない集計や分析などを行います（例：「=SUM(1, 2, 3, 4, 5)」の「SUM」、「=AVERAGE(A1:A5)」の「AVERAGE」）。

●引数

「ひきすう」と読みます。関数の演算条件を指定するデータで、関数の直後に ( ) でくくった中に記述します（例：「=SUM(1, 2, 3, 4, 5)」の「1」「2」「3」「4」「5」、「=AVERAGE(A1:A5)」の「A1:A5」）。

POINT

数式の最初の「=」は「イコール」ではなく、「代入する」という意味だと考えてください。たとえば、数学では考えられないような「=A1=B2」などという数式が頻繁に使われますが、最初の「=」は「代入する」、次の「=」は「イコール」です。なお、C2セルに「=A1=B2」と入力してあれば、「A1セルとB2セルがイコールなら、TRUEという値をC2セルに代入する」という意味です。

では、次に値や数式の入力方法を見ていきましょう。「123456」などの数値や数式は、セルに直接入力するといいでしょうが、もし長い文章を入力したいときや、数式の途中で改行が入る場合は、数式バーに入力したほうが見やすいことがあります。

● 入力しやすいほうに入力すればよい

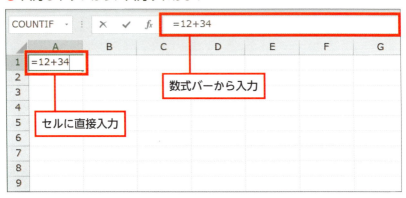

関数の引数には、いろいろな種類のデータを記述することができます。数値や文字列だけでなく、セルや数式、関数を記述することも可能です。

種類	引数	例
定数	数値	100
	文字列	"abc"
	論理値	TRUE
	配列	{1,2,3}
セル		=A3
論理式		=IF(120>100,…
関数		=IF(SUM(A1:A3)>100,…
数式		=SUM(1+2,2+3,…

数式・関数を使う前に知っておくべきこと 01

　次に、関数を簡単に入力する方法を紹介します。関数の綴りがわかっていれば、そのままキーボードから入力してもかまいませんが、綴りに自信がない人は、ここで紹介する方法を試してみてもいいでしょう。

● よく使う関数は［名前］ボックスから入力する

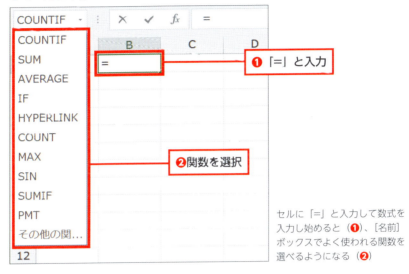

セルに「=」と入力して数式を入力し始めると（❶）、［名前］ボックスでよく使われる関数を選べるようになる（❷）

● うろ覚えの関数は［オートコンプリート］で入力する

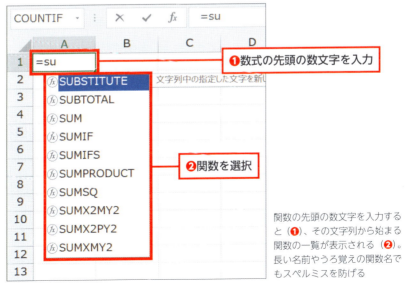

関数の先頭の数文字を入力すると（❶）、その文字列から始まる関数の一覧が表示される（❷）。長い名前やうろ覚えの関数名でもスペルミスを防げる

99

● 計算内容が表現できるなら［関数の挿入］ダイアログから入力する

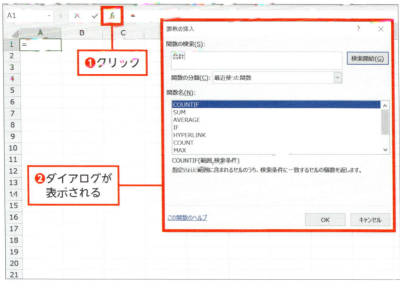

関数名を忘れてしまった場合は、［関数の挿入］ボタンをクリックして（❶）表示されたダイアログ（❷）の「関数の検索」にキーワードを入力して関数を探し出せる

● ジャンルしか特定できないなら［関数ライブラリ］から選択する

［数式］タブの［関数ライブラリ］グループには、関数がジャンル別にまとめられている。使いたいジャンルのアイコンをクリックして（❶）表示されたリストから使いたい関数を選択する（❷）

次に、文字列を関数で扱う際に使用するワイルドカードについて説明します。ワイルドカードには「*」（アスタリスク）と「?」の2種類があって、「*」は1文字以上の任意の文字を表します。たとえば、「A」「ABC123」などが「*」で表せます。「?」は1文字の任意の文字を表すので、「A」「1」などが「?」で表せます。

最後に、エラー表示について紹介します。数式が正しく結果を出せないとき、原因に応じて異なる文字列でエラーを表示します。数式を修正する際には、エラー表示を手がかりにするといいでしょう。

エラー表示	原因・意味	発生例
#VALUE!	数式に使われている値か参照先セルのデータが、数式で扱えない種類である	="abc"/100
#DIV/0!	ゼロで除算している	=100/0
#REF!	参照先セルが存在しない（数式入力後に削除したなど）	=100*#REF!
#NAME?	関数名などを間違えている	=SAMU(1,2,3)
#N/A	参照するセルが見つからない（検索する関数で検索結果が存在しないなど）	=MATCH(4000,H11:H16,0)
#NUM!	数値が対象外（大きすぎる、小さすぎる、正数限定の引数に負数を記述するなど）	=10^400
#NULL!	数式に使われている参照先セルの記述が間違っている	=SUM(H11 H16)

POINT

「*」「?」をワイルドカードとしてではなく、文字として条件式に記述するには、直前に「~」（チルダ）を付けます。「~*」は「*」、「~?」は「?」という文字を表します。

ATTENTION

数式・関数は、すべて半角で入力します。また、大文字と小文字は区別しません。たとえば「=sum(a1:b10)」と「=SUM(A1:B10)」は同じ意味です。ただし、いずれも値が文字列の場合を除きます。

3-02 絶対参照と相対参照を正しく使い分けるには

時短05分

エクセル初心者にとってわかりづらい概念の一つが「絶対参照」と「相対参照」でしょう。関数を理解して使いこなすには避けて通れないので、これらもぜひともしっかり理解しておいてください。

🕐 コピー&ペーストしたときに参照先が変化させたいかどうか

セル参照は「絶対参照」と「相対参照」の2種類に分けられます。「A1」や「C10」といったセル参照は、数式や関数の中で使った場合、コピー&ペーストによって自動的にずれます。この参照方法を「相対参照」といいます。

● 数式をコピーするとセル座標が変わる

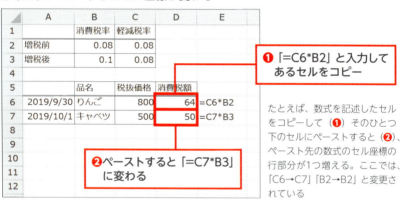

❶「=C6*B2」と入力してあるセルをコピー

たとえば、数式を記述したセルをコピーして（❶）そのひとつ下のセルにペーストすると（❷）、ペースト先の数式のセル座標の行部分が1つ増える。ここでは、「C6→C7」「B2→B2」と変更されている

❷ペーストすると「=C7*B3」に変わる

一方、行や列を表す記号の前に「$」を記述すると、コピー&ペーストで参照先がずれません。これを「絶対参照」といいます。絶対参照でセル参照を入力するには、まず相対参照でセルを入力したあと、「F4」キーを押します。**絶対参照と相対参照は、コピー&ペーストしたときに参照先を変化させたいかどうかで使い分けます。**

絶対参照と相対参照を正しく使い分けるには 02

● 「$」を付けたセル座標はコピー＆ペーストで変化しない

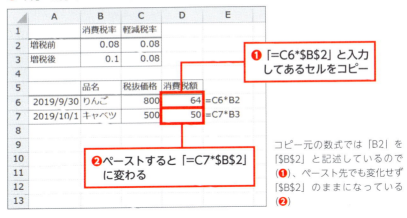

また、行のみ、列のみを絶対参照にすることも可能です。これを「複合参照」といいます。複合参照を入力するには、相対参照でセルを入力したあと、F4キーを2回または3回押します。2回押すと行部分のみが絶対参照になり、3回押すと列部分のみが絶対参照になります。なお、4回押すと相対参照に戻ります。

● 複合参照は「$」のない部分のみ変化する

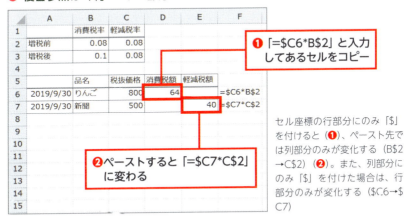

3-03 合計や平均などを知りたいときにいちいち関数を入力するのは無駄！

時短20分

複数の数値から何らかの計算結果を導き出したいときは、一般的に数式または関数を使用します。しかし、合計や平均といった頻繁に利用する計算で、ちょっと数字が分かればいいときにもわざわざ関数を入力するのは無駄です。

ステータスバーの簡易計算機能を利用する

　表に入力した数字の合計を知りたいとき、通常はSUM関数を使います。同様に、平均ならAVERAGE関数、最大値ならMAX関数、最小値ならMIN関数を入力するのがふつうです。しかし、その数値をちらっと確認できればいいときに、わざわざ関数を入力するのは時間の無駄です。ステータスバーの簡易計算機能を利用しましょう。

　計算したい値の入った**セルを選択すれば、平均と合計、データの個数がステータスバーに表示**されます。また、設定を変更すれば、最大値、最小値、数値の個数も知ることができます。

● セルを選択するだけで計算結果が表示される

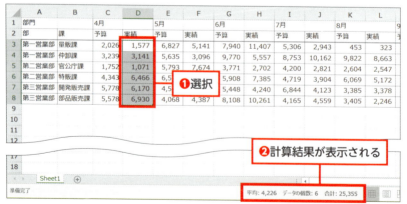

計算結果を見たい数値の範囲をドラッグなどで選択すると（❶）、ステータスバーに選択された範囲の数値の平均、データの個数、合計が自動的に表示される（❷）

合計や平均などを知りたいときにいちいち関数を入力するのは無駄！

● 設定を変更して最大値などを表示する

ステータスバーを右クリックして（❶）、表示したい項目にチェックを付けると（❷）、表示項目を変更できる（❸）。ここでは［平均］［データの個数］のチェックを外し、［最小値］［最大値］にチェックを付けた

🕐 よく使う集計方法はクイック分析で入力する

　ステータスバーの簡易計算機能は便利ですが、セルに関数を入力するわけではないので、計算結果が残りません。**結果を残したいなら、「クイック分析」機能を使うと便利です**。計算したいセルを選択して、右下の［クイック分析］アイコンから計算方法を選択します。クイック分析の優れたところは、複数の列または行を一度に計算できることです。セルにSUM関数を入力して、それをコピー＆ペーストしたり、フィルハンドルをドラッグしたりする必要はありません。

　なお、クイック分析には合計や平均などの計算以外にも、よく使う**条件付き書式を設定したり、グラフを配置したりもできます**。自分が使いたい機能が含まれていないか、確認してみるといいでしょう。

● 集計したい範囲を選択する

集計したいセル範囲を選択すると（❶）、範囲の右下に［クイック分析］ボタンが表示されるので、クリックする（❷）

範囲指定をもっと楽にする一番の早道はどれ？

範囲指定をミスしてしまうと、誤った結果が出てきてしまいます。そのため、神経を使う場面ですが、うまく切り抜ける方法はないでしょうか。

🕐 行全体または列全体を選択する

関数を利用する際に頻繁に行うのが、セルの範囲指定です。引数にセル範囲を指定したいときに、マウスでドラッグしたり、キーボードでアクティブセルから選択範囲を広げたり、あるいは直接セル範囲を入力したりします。

通常、セルの範囲指定は「C3:H8」などのように、範囲の左上と右下のセル座標で指定しますが、**特定の行や列のすべての値を関数の引数にしたいなら、行や列全体を指定する方法があります**。いつも使える手ではありませんが、表によっては手際よく作業できます。

● 行や列の見出しをドラッグして範囲を選択する

	A	B	C	D	E	F	G	H	I	J
1	部門		4月	5月	6月	7月	8月	9月		
2	部	課	予算	予算	予算	予算	予算	予算		
3	第一営業部	量販課	2,026	6,827	7,940	5,306	453	9,959		
4	第一営業部	仲卸課	3,239	5,635	9,770	8,753	9,822	5,018		
5	第二営業部	官公庁課	1,752	5,793	3,771	400	2,604	7,923		
6	第二営業部	特販課	4,343	6,570	5,908	4,719	6,069	4,853		
7	第三営業部	開発販売課	5,778	4,564	5,448	844	385	4,233		
8	第三営業部	部品販売課	158	4,068	8,108	4,165	3,405	5,184		
9								総予算額	=sum(C:H	

❷列見出しをドラッグ
❶数式を入力

ここでは列Cから列Hまでのすべての数値を合計する方法を考えてみる。「=SUM(C3:H8)」となるように、セルC3からセルH8までセル範囲を指定するのがふつうだが、数式「=SUM(」と入力してから（❶）列Cから列Hまで列ごと指定すると（❷）「=SUM(C:H)」となって列Cから列Hまでのすべての数値を合計できる

エクセルで簡易データベースを実現するには

エクセルで複数の表を連携させてデータベースのように使うには、VLOOKUP関数を利用します。ここでは、VLOOKUP関数の使い方をじっくり解説します。

VLOOKUP関数を利用する

VLOOKUP関数は、エクセルを簡易データベースとして使うときに欠かせない関数です。あらかじめ表を作っておき、それを参照して値を表示します。実例を見てみましょう。

● VLOOKUPの機能を知っておこう

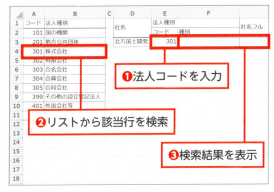

たとえば、法人種別のリストを作成しておけば、法人コードを入力するだけで（❶）リストから法人コードを検索して（❷）種別を表示させることが可能（❸）。表内に「株式会社」などと直接打ち込むより入力ミスを回避でき、絞り込みなどの活用の幅も広がる

関数の入力に入る前に、VLOOKUP関数の書式を見ておきましょう。

```
=VLOOKUP(検索値, 範囲, 列番号, 検索方法)
```

「検索値」には検索したい値またはセル参照を入力します。「範囲」はセル範囲を指定します。ここに指定されたところから「検索値」を探します。もしヒットしたら、セル範囲の何番目の値を取り出すかを「列番号」を参照して決めます。「検索方法」は通常「FALSE」を指定します。

実際にVLOOKUP関数を入力してみましょう。

● 検索の元となるセルを選択する

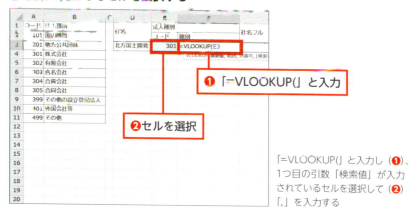

「=VLOOKUP(」と入力し（❶）、1つ目の引数「検索値」が入力されているセルを選択して（❷）「,」を入力する

● 検索に使う表を指定する

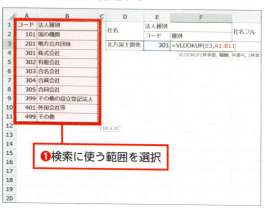

検索値を元に検索したい表の範囲を選択する（❶）。検索値と照らし合わせる値が選択範囲の一番左の列になるよう注意する。選択できたら「,」を入力する

● 表示させたい表内の列を記述する

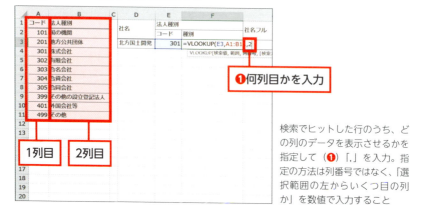

検索でヒットした行のうち、どの列のデータを表示させるかを指定して（❶）「,」を入力。指定の方法は列番号ではなく、「選択範囲の左からいくつ目の列か」を数値で入力すること

エクセルで簡易データベースを実現するには 05

● 検索の仕方を指定する

❶検索方法を選択

選択範囲から検索値を探し出す方法を選択して（❶）、最後に「)」を入力。「完全一致」（FALSE）では一致するデータがなければ「#N/A」エラーとなり、「近似一致」（TRUE）では「検索値を超えない最大の値」が検索される。通常は「FALSE」を指定する

● コードに基づいて検索結果が表示される

❶検索結果が表示される

左の例では、検索値「301」を「法人種別表」から「完全一致」で探し出し、検索した行の「左から2列目」のデータを結果として表示している（❶）

POINT

　VLOOKUP関数で検索するリストは、テーブルにしておくと、いろいろと便利です。テーブルの使い方とメリットは、P204以降を参照してください。もっとも大きなメリットはリストに名前を付けられることです。検索する「範囲」をセル範囲で指定するよりも、テーブルの名前で指定したほうがリストを拡張したときに引数を書き直す必要がなく、大変便利です。

3-06 市の名前を入力したら都道府県の名前も表示されるようにしたい

時短10分

大分類と小分類の表では、VLOOKUP関数を使って小分類から大分類を導き出すと便利なことがあります。

都道府県と市町村のリストをVLOOKUPで検索する

都道府県名と市町村名を並べて記入すべき表があるとき、通常は「東京都」「千代田区」、「埼玉県」「さいたま市」のように入力するでしょう。しかし、**あらかじめ都道府県と市町村のリストを作っておき、うまくVLOOKUP関数を設定すれば、市町村名だけ入力すれば都道府県名を入力せずに済みます**。

なお、あらかじめ都道府県と市町村のリストが必要なので、どんな市町村名を入力しても都道府県名が表示されるようにするのは現実的には難しいでしょう。一定地域内など、入力すべき項目の数が決まっているときに便利な考え方です。

● 必要なリストを用意して関数を入力する

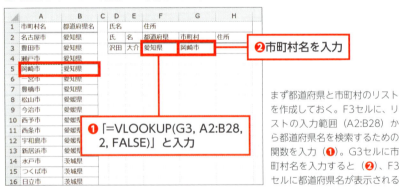

❶「=VLOOKUP(G3, A2:B28, 2, FALSE)」と入力

❷市町村名を入力

まず都道府県と市町村のリストを作成しておく。F3セルに、リストの入力範囲 (A2:B28) から都道府県名を検索するための関数を入力 (❶)。G3セルに市町村名を入力すると (❷)、F3セルに都道府県名が表示される

ATTENTION

都道府県と市町村のリストを用意する際、市町村名が左に来るようにしなければ、VLOOKUP関数では都道府県名を得られないことに注意してください。

3-07 VLOOKUP関数は「出来の悪い関数だ」と知っておく

時短10分

VLOOKUP関数を使いこなせば、かなり複雑なデータベースをエクセルで組み上げることが可能です。しかし、関数の仕様上、どうしても解決できない問題もあります。

VLOOKUP関数には3つの問題がある

　エクセルで簡易データベースを作って時短を考えるとなると、VLOOKUP関数の使いこなしの話になることが多いでしょう。しかし、使い込めば使い込むほど、関数の制限に頭を悩ませるかもしれません。

　問題は3つあります。まず2つ目の引数「範囲」は、参照する表が大きくなれば、書き換える必要があります。ただ、この問題は**「範囲」にセル範囲ではなく、テーブル名を使うことで解決します**。

　第2の問題は厄介です。3つ目の引数「列番号」は通常、数値で指定しますが、列を増減させるとずれてしまい、書き換える必要が出てきます。これは**COLUMN関数を組み合わせることで何とか解決できます**。

　最後の問題はVLOOKUP関数では解決できません。VLOOKUP関数は、「検索値」が見つかると、その右にあるセルの値を返します。一方、左にあるセルは参照できません。つまり、**「検索値」は返したいセルの値の必ず左側にないとダメで、列を入れ替えることができないのです**。この場合、INDEX関数とMATCH関数を組み合わせて、VLOOKUP関数の代わりにするしかありません。この仕様に納得できないなら、エクセルではなく、アクセスやファイルメーカーなどのデータベースソフトを使うしかないでしょう。

3-08 IF関数では入れ子が多くなりすぎて使いづらい

場合分けをしたいときに必須なのがIF関数です。条件が増えていけばいくほど、わかりにくくなってしまいますが、何か方法はないでしょうか。

IFS関数やSWITCH関数を使う

条件に合っているかどうかで、異なる値を返すのがIF関数です。まず、IF関数の書式を確認しておきましょう。

```
=IF(論理式, 真の場合, 偽の場合)
```

「論理式」には「A1>10」など条件を表す式が入ります。その条件が正しければ「真の場合」に書かれた値を返し、誤っていれば「偽の場合」に書かれた値を返します。これだけだと簡単そうに見えますが、問題は「真の場合」「偽の場合」ともにIF関数などほかの関数を含むことができることです。これを「ネスト」といいます。

次の関数では、E3セルが1.3以上なら「A」、1.3より小さく1.1以上なら「B」、1.1より小さく1以上なら「C」、1より小さく0.8以上なら「D」、0.8より小さければ「E」を返しています。

```
=IF(E3>=1.3,"A",IF(E3>=1.1,"B",IF(E3>=1,"C",IF(E3>=0.8,"D","E"))))
```

● IF関数での場合分けは入れ子構造でわかりにくい

	A	B	C	D	E	F	G
1	部門		4月				
2	部	課	予算	実績	達成率	ランク	
3	第一営業部	量販課	2,026	1,577	0.78	E	
4	第一営業部	仲卸課	3,239	3,141	0.97	D	
5	第二営業部	官公庁課	1,752	1,071	0.61	E	
6	第二営業部	特販課	4,343	6,466	1.49	A	

数式バー: =IF(E3>=1.3,"A",IF(E3>=1.1,"B",IF(E3>=1,"C",IF(E3>=0.8,"D","E"))))　→　IF関数を入れ子にした数式

IF関数なら、このように記述する。カッコがたくさん並ぶと、対応関係がややわかりにくい

よく考えれば式の意味はわかりますが、カッコがいくつも続くことがあり、書き方がやや煩雑です。これを避けるには、**Excel 2019またはOffice 365で利用できるIFS関数を使うといいでしょう**。書式を確認しておきます。

```
=IFS(論理式1, 真の場合1, 論理式2, 真の場合2, …, TRUE, すべて偽の場合)
```

「論理式1」には、IF関数同様、「A1>10」など条件を表す式が入ります。その条件が正しければ「真の場合1」の値を返しますが、誤っていれば次の「論理式2」を評価します。正しければ「真の場合2」の値を返し、誤っていれば次の処理に移るわけです。「論理式」と「真の場合」のセットは127個までなので、それ以上、論理式を並べたいときは別の方法を採る必要があります。

注意すべきは、どの「論理式」も誤っていた場合、最後に返り値を決めなければ「#N/A」エラーを返してしまうことです。そのため、最後に「TRUE」と「すべて偽の場合」の値を記述するようにしましょう。

では、先にIF関数で記述した式を、IFS関数を使って書き換えてみましょう。

```
=IFS(E3>=1.3,"A",E3>=1.1,"B",E3>=1,"C",E3>=0.8,"D",TRUE,"E")
```

● IFS関数で条件を並べて記述

	A	B	C	D	E	F
1	部門		4月			
2	部	課	予算	実績	達成率	ランク
3	第一営業部	量販課	2,026	1,577	0.78	E
4	第一営業部	仲卸課	3,239	3,141	0.97	D
5	第二営業部	官公庁課	1,752	1,071	0.61	E
6	第二営業部	特販課	4,343	6,466	1.49	A
7	第三営業部	開発販売課	5,778	6,170	1.07	C
8	第三営業部	部品販売課	158	193	1.22	B

F3セル: `=IFS(E3>=1.3,"A",E3>=1.1,"B",E3>=1,"C",E3>=0.8,"D",TRUE,"E")`

IFS関数で条件を並べた数式

IFS関数では、このように記述する。カッコがないので、見た目がわかりやすい

カッコが少なくなって、やや見通しがよくなりました。考え方はIF関数で記述したときと同じですが、書き方が易しくなった印象があります。

もう1つ、**Excel 2019またはOffice 365を利用しているなら、知っておくと便利な関数があります。それは、SWITCH関数です。**

```
=SWITCH(式, 値1, 結果1, 値2, 結果2, …, 既定値)
```

上で紹介したように、値が連続的に変わるのであれば、IFまたはIFS関数を使いますが、いくつかの値の中から選べるのであれば、SWITCH関数のほうがずっと見通しのいい式を作れます。

たとえば、セルA1が「大人」なら1900、「大学生」なら1500、「高校生以下」なら1000、「3歳未満」なら「無料」という値を返す関数を考えてみると、以下のようになります。いずれの条件にも当てはまらない場合は「不明」と表示してみます。

```
=SWITCH(A1, "大人", 1900, "大学生", 1500, "高校生以下", 1000, "3歳未満", "無料", "不明")
```

もしこれをIF関数で記述すると、こうなります。

```
=IF(A1="大人", 1900, IF(A1="大学生", 1500, IF(A1="高校生以下", 1000, IF(A1="3歳未満", "無料", "不明"))))
```

論理式が増えれば増えるほどネストが深くなり、わかりづらくなります。もし利用できる環境なら、SWITCH関数を使うべきです。

> **ATTENTION**
>
> ここで紹介した程度の複雑さならいいのですが、もっと複雑な条件分岐をしなければならないときは、作業セルを作って、いったん途中までの式の値を表示し、そこまでの関数の記述が誤っていないかを確認するといいでしょう。長い関数を一気に書き下ろして1つのセルに入れてしまうと、カッコよく見えるかもしれませんが、中身の変更をしたくなったときに面倒です。

第3章 難関の数式・関数もこうすれば楽勝

3-09 関数を使わずに2つのセルの値が同じかどうか判断する

時短05分

複数のセルに入力されている数値や文字列を比較して、同一かどうか確かめたい場合があります。関数を使って調べる方法もありますが、簡単な数式で手軽にチェックできる方法も覚えておくと便利です。

単純な数式だけで2つの値を比較する

複数のセルに入力されている値が同じかどうか調べる方法はいくつかありますが、**対象となるセルが2つだけなら、ごく簡単な数式でチェックできます**。セルA2とB2を比較したい場合は「=A2=B2」というように、参照するセルを等号でつなぐだけでOKです。比較した結果、値が等しければ「TRUE」、異なっていれば「FALSE」と返ってきます。ただし、この方法では英字の大文字と小文字は区別されないので注意しましょう。

● 数式を使って数値や文字列を比較

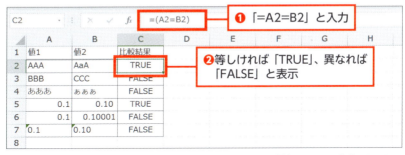

セルA2とB2の値を比較したい場合は、「=A2=B2」と入力する（❶）。ほかにも比較したいセルの組み合わせがあれば、数式をコピーすればよい。比較した値が等しければ「TRUE」、異なれば「FALSE」と表示される（❷）

条件によっては関数が必要な場合もある

先ほど説明した方法では、比較できるセルは2つだけです。**3つ以上のセルを比較したいときは、AND関数を使いましょう**。たとえばセルA2～C2までの値が等しいかどうか調べたい場合、次のように記述します。

```
=AND(A2=B2,(B2=C2))
```

ただ、比較したいセルの数が多いと数式が長くなってしまい、この方法では煩雑です。そんなときは、COUNTIF関数を利用するとよいでしょう。セルA2〜E2を比較したい場合は、以下のように記述します。

```
=COUNTIF(A2:E2,A2)=5
```

第1引数では比較するセル範囲、第2引数では範囲の先頭にあるセルを指定します。末尾の数字は、比較するセルの数を指定します。数式全体では「セルA2〜E2のうち、A2と同じ値のセルの数は5である」という意味になり、結果がTRUEであれば5つのセルに入力された値がすべて等しいことになります。

ここまでで紹介した方法は、いずれも英字の大文字と小文字は区別できません。**大文字と小文字の違いも識別する必要があれば、EXACT関数を使いましょう。**セルA2とB2を比較する場合、以下のように記述します。

● **大文字・小文字の違いも含めて比較**

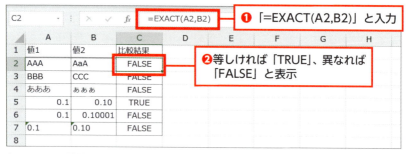

セルA2とB2を比較したい場合は、「=EXACT(A2,B2)」と入力する（❶）。大文字・小文字の違いも含めてセルの内容が比較され、等しければ「TRUE」、異なれば「FALSE」と表示される（❷）

EXACT関数だけを使う場合、比較できるセルは2つだけです。3つ以上のセルを比較したい場合は、AND関数と組み合わせて、以下のように記述しましょう。

```
=AND(EXACT(A2:C2,A2))
```

3-10 小計を求めるのに関数を手入力してはいけない

表の集計というと、ピボットテーブルを使うことを考えてしまいがちですが、小計程度ならほかの機能を使うことも考えてみましょう。

小計機能を利用する

縦に長い表では、ところどころに小計を入れると、表の見通しがよくなります。ただ、どこからどこまでを集計するのかを手入力していると、合計範囲を間違うなどミスが生じやすくなります。そんなときは、エクセルの小計機能を使ってみましょう。

小計を求めるには、まず並べ替えから行います。

● 集計したいグループごとに並べ替える

表内［摘要］列のいずれかのセルを選択してから（❶）、［データ］タブの［並べ替えとフィルター］グループで［昇順］をクリックする（❷）

● 並び順が変わったことを確認する

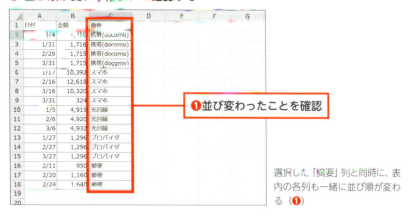

選択した「摘要」列と同時に、表内の各列も一緒に並び順が変わる（❶）

● 摘要ごとに集計する

表内「摘要」列のいずれかのセルを選択してから（❶）、［データ］タブの［アウトライン］グループで［小計］をクリックする（❷）

● 集計の仕方を指定する

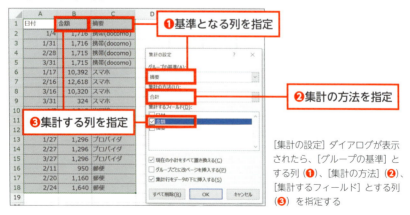

［集計の設定］ダイアログが表示されたら、［グループの基準］とする列（❶）、［集計の方法］（❷）、［集計するフィールド］とする列（❸）を指定する

● 集計行が挿入される

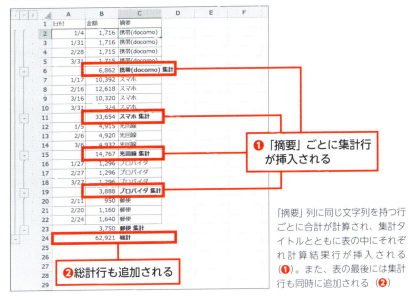

❶「摘要」ごとに集計行が挿入される

「摘要」列に同じ文字列を持つ行ごとに合計が計算され、集計タイトルとともに表の中にそれぞれ計算結果行が挿入される（❶）。また、表の最後には集計行も同時に追加される（❷）

❷総計行も追加される

● たたみ込みで表示を調整できる

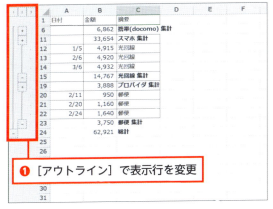

❶［アウトライン］で表示行を変更

集計行、総計行と同時に、ワークシートの左側に［アウトライン］も追加される。「＋」や「－」をクリックすることで集計単位にたたみ込んだり広げたりが行えるので（❶）、表示／非表示の加工も簡単だ

異常値を除いた平均値を簡単に算出するには

平均を求める際に問題になるのが異常値です。いちいち目で見ながら異常値を取り除いていたのでは、手間がかかって仕方ありません。何か方法はないのでしょうか。

🕐 TRIMMEAN関数で異常値を取り除いて平均を求める

何らかの理由で突出した値（異常値）を含んだデータでは、そのまま平均を計算すると、実態からかけ離れた結果が出てしまうことがあります。異常値を平均で含めないようにするには、その値を計算から除かねばなりませんが、表の中から1つだけ数値を取り除いて平均する数式を作るのはかなり面倒です。

そんなときは、**TRIMMEAN関数を使うと便利です。上下一定の割合の数値を除いて平均を求めることができます**。平均から大きく離れているかどうかではなく、一定の割合の数値をそのまま平均の計算から除いてしまいますが、計算対象の数値が十分多ければ、問題にはならないでしょう。

=TRIMMEAN(配列, 割合)

「配列」は、平均を求めたいセル範囲を指定します。「割合」は、上下のどのくらいの値を平均から取り除くかを指定します。「0.1」なら上位5％と下位5％が平均から取り除かれます。なお、割合をどのくらいの数値に設定するかによって、平均の値は変わってきます。あまり極端に大きくすると、平均が実態からかけ離れてしまうことがあるので、注意が必要です。

異常値を除いた平均値を簡単に算出するには

● 突出した値を除いて平均値を算出

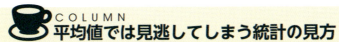

たとえば、月ごとの上旬／中旬／下旬の来客数の平均値を算出したいときに、通常より来客数が多い祝日の数値を対象外にしたい。このようなケースではTRIMMEAN関数が役に立つ。ここでは、「割合」に「0.2」を指定し、上位10%と下位10%の数値を取り除いている

COLUMN
平均値では見逃してしまう統計の見方

AVERAGE関数で求められる単なる平均では、データの本質が捉えられないことがあります。ここで紹介した、異常値を除いた平均を求めるTRIMMEAN関数も有効ですが、平均以外の統計手法も少しだけ紹介しておきます。

まず、中央値を求めるにはMEDIAN関数を使います。最小から最大まで並べたときに中央に来る値を求めることができます。

=MEDIAN(範囲1, 範囲2, …)

「範囲」にはセル範囲などを指定します。MEDIAN関数を使えば、正規分布になっていないデータで平均値が偏ってしまうのを避けることができます。次に、最頻値を求めるのがMODE.SNGL関数です。

=MODE.SNGL(範囲1, 範囲2, …)

「範囲」にはセル範囲などを指定します。MODE.SNGL関数を使えば、平均とは関係なく、だいたいの傾向を求めることができます。なお、文字列は指定できないので、「この範囲でもっとも頻出する文字列は何か」を求めたいときは、文字列を数値に変換してからMODE.SNGL関数を使うか、素直にCOUNTIF関数などで数えるしかありません。

3-12 宝くじを1枚買ったときの払戻金の期待値はいくら？

時短05分

宝くじを買うと、平均でいくらの当せん金がもらえると考えればよいのでしょうか。エクセルで計算してみましょう。

SUMPRODUCT関数で計算する

宝くじは「貧者の税金」などと揶揄されることもありますが、**実際に1枚買うと、平均していくらくらい当せん金をもらえるか、期待値をエクセルで計算してみます**。ここで使うのはSUMPRODUCT関数です。

=SUMPRODUCT(配列1, 配列2, …)

「配列1」「配列2」……にはセル範囲が入ります。それらを掛け合わせて、合計します。**概念的にも操作的にも難易度の高い配列数式を使わずに、配列の計算ができる**ので、機会があればぜひ使ってみたい関数です。

ここでは「第787回全国自治宝くじ」（ドリームジャンボ）を例に取ってみましょう。ドリームジャンボの当せん本数は1ユニット（1000万枚）あたりで決まっています（2ユニット販売されたら当せん本数は2倍、3ユニットなら3倍）ので、1ユニット当たりの当せん数と当せん金から払戻金の期待値を求められます。

● 各等の当せん確率を算出する

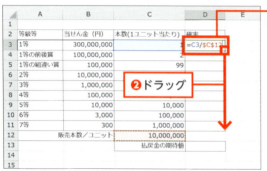

❶ 数式を入力

ユニット単位で当せん本数が増えていく方式なので、当せん確率はユニットあたりの「当せん本数÷販売本数」で求められる（❶）。販売本数は数式のコピー時にセル座標がずれないよう絶対参照にしておく。数式を確定したらフィルハンドルをドラッグしてコピーしておく（❷）

❷ ドラッグ

宝くじを1枚買ったときの払戻金の期待値はいくら？

● 払戻金の期待値を算出する

	A	B	C	D
2	等級等	当せん金（円）	本数(1ユニット当たり)	確率
3	1等	300,000,000	1	0.0000001
4	1等の前後賞	100,000,000	2	0.0000002
5	1等の組違い賞	100,000	99	0.0000099
6	2等	10,000,000	3	0.0000003
7	3等	1,000,000	60	0.000006
8	4等	100,000	2,000	0.0002
9	5等	10,000	10,000	0.001
10	6等	3,000	100,000	0.01
11	7等	300	1,000,000	0.1
12	販売本数／ユニット		10,000,000	
13			払戻金の期待値	=SUMPRODUCT(B3:B11,D3:D11)

❶数式を入力

各等の「当せん確率×当せん金」の総和が払戻金の期待値なので、SUMPRODUCT関数で簡単に求められる（❶）

● 払戻金の期待値が表示される

	A	B	C	D
2	等級等	当せん金（円）	本数(1ユニット当たり)	確率
3	1等	300,000,000	1	0.0000001
4	1等の前後賞	100,000,000	2	0.0000002
5	1等の組違い賞	100,000	99	0.0000099
6	2等	10,000,000	3	0.0000003
7	3等	1,000,000	60	0.000006
8	4等	100,000	2,000	0.0002
9	5等	10,000	10,000	0.001
10	6等	3,000	100,000	0.01
11	7等	300	1,000,000	0.1
12	販売本数／ユニット		10,000,000	
13			払戻金の期待値	149.99

❶払戻金の期待値

ドリームジャンボが1枚300円なのに対し、払戻金の期待値は約150円とおよそ半額なのがわかる（❶）

3-13 通常の平均の出し方では正しく求められないときはどうする?

時短10分

平均といえば、表示されている数値を全部加えて、数値の個数で割る操作を思いつきますが、これ以外にも「平均」と呼ばれる計算方法がいくつもあります。頻繁に使うものではないかもしれませんが、知っておくと便利な時もあります。

平均には何種類もある

行きは時速40km、帰りは時速15kmで移動したとき、平均時速はいくらになるでしょうか。「(40+15)/2=22.5」で時速22.5km……というのは誤りです。実際に120kmの道のりを往復するケースを考えてみるとわかりますが、行きは3時間、帰りは8時間かかるので、平均時速は約21.8kmです。

また、会社の売り上げが1年目に前年の120%、2年目に150%、3年目に90%となったとき、平均して何%成長したのでしょうか。これも「(120+150+90)/3=120」で120%……という計算は誤りです。実際に最初の売り上げが1000万円としたとき、1年目の終わりには1200万円、2年目は1800万円、3年目は1620万円となって、成長率の平均は117.4%程度です。

私たちが小学校で習った平均は「算術平均」または「相加平均」といいますが、これ以外の平均の方法もあり、エクセルにはそれぞれ求める関数が用意されています。

まず、算術平均はAVERAGE関数を用います。

=AVERAGE(セル範囲)

「セル範囲」に算術平均を求めたい値が入っているセル範囲を指定します。なお、セル範囲ではなく、数値やセル参照などを「,」で区切って並べることもできます。

● 算術平均（相加平均）

	A	B	C	D	E
1	氏名	点数			
2	藤江 和宏	390			
3	兵藤 邦明	360			
4	鶴巻 知広	329			
5	石倉 絵美	478			
6	小笠原 和明	403			
7	平均点	392			

B7: `=AVERAGE(B2:B6)`

テストの平均点を求めるときなど、一般的な平均値の算出に用いる

　成長率や利回りの計算に用いられるのが、「幾何平均」または「相乗平均」と呼ばれる平均の求め方です。エクセルでは、GEOMEAN関数を利用します。

=GEOMEAN(セル範囲)

引数はAVERAGE関数と同様です。

● 幾何平均（相乗平均）

	A	B	C	D	E
1	年度	売上（千円）	前年度比（%）		
2	2008	869.6			
3	2009	930.7	107.0%		
4	2010	1061.4	114.0%		
5	2011	1312.0	123.6%		
6	2012	1597.1	121.7%		
7	2013	1957.3	122.6%		
8	2014	2355.2	120.3%		
9	2015	2611.3	110.9%		
10	2016	3329.0	127.5%		
11	2017	3977.9	119.5%		
12	2018	4735.7	119.1%		
13		平均前年度比	118.5%		

C13: `=GEOMEAN(C3:C12)`

比率の平均を求めるときなどに用いる

　平均時速の計算などで利用するのが、調和平均です。エクセルでは、HARMEAN関数を利用します。

=HARMEAN(セル範囲)

引数はAVERAGE関数と同じです。

● 調和平均

	A	B
1		時速（km/h）
2	行き	40
3	帰り	15
4	平均時速	21.81818182

B4: `=HARMEAN(B2:B3)`

調和平均の計算にはHARMEAN関数を用い、平均時速を求めるときなどに用いる

　最後に**加重平均**を紹介します。男子10人、女子40人のクラスで、男子の平均点が60点、女子の平均点が90点だった場合、クラス全体の平均点は難点でしょうか。「(60+90)/2=75」で75点と思った人はいないでしょうか。実際には「(60*10+90*40)/50=84」で84点です。**重みが違う数値同士の平均を取る場合は、それぞれの重みを計算に入れなければ、正しい数値は出てきません**。

　次の表は、世代別のスマホ所有率の表です。世代ごとに調査数が異なるため、このまま所有率の算術平均を取っても意味がありません。調査数×所有率を世代ごとに計算してスマホ所有者の実数を合計し、調査数で割ればよいのです。エクセルでこの計算を行うには、SUMPRODUCT関数とSUM関数を組み合わせます。

● 加重平均

C11: `=SUMPRODUCT(B2:B10,C2:C10)/SUM(B2:B10)`

	A	B	C
1	世代（歳）	調査数（人）	モバイル端末所有率（%）
2	6～12	2275	30.3
3	13～19	2595	79.5
4	20～29	3404	94.5
5	30～39	4479	91.7
6	40～49	5626	85.5
7	50～59	5945	72.7
8	60～69	7932	44.6
9	70～79	5892	18.8
10	80～	3602	6.1
11		所有率平均（%）	57.7

グループごとにデータ数が異なることを加味した平均値を算出するには、SUMPRODUCT関数とSUM関数を組み合わせる

セル内改行が邪魔なので一括で改行を削除したい

本書で何度も述べてきたように、セル内改行には弊害が多いため、安易に使うべきではありません。しかし、シート内にセル内改行がたくさんある場合、いちいち手作業で削除するのは非常に面倒です。そこで、関数を使ってすばやく改行を除去する方法を紹介します。

CLEAN関数で文字列から改行を除去する

　セル内改行をすべて削除したい場合は、CLEAN関数を利用します。この関数は、現在使用しているOSで印刷できない特殊な制御文字を削除するためのもので、セル内改行のほかにタブ文字なども削除できます。Webページからコピーしたり、別のソフトから取り込んだりした文字列には、こういった制御文字が含まれていることが多いので、**思わぬトラブルを防ぐにはCLEAN関数で削除しておくと安心**です。

　CLEAN関数を用いるときは、元の文字列が入力されているセルとは別のセルに、以下のように入力します。

=CLEAN(元の文字列が入力されたセル)

　引数には、改行を含むセルを指定します。これで、元のセルから改行などを除去した文字列を取り出すことができます。改行を含むセルが複数ある場合は、オートフィルなどで数式をコピーしましょう。残念ながら、シートやブック全体から一挙に改行を取り除くことはできませんが、手作業に比べるとはるかに効率的です。

● CLEAN関数を入力する

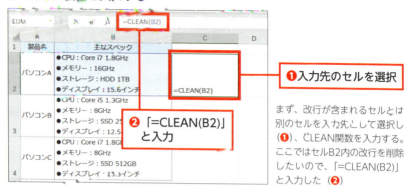

まず、改行が含まれるセルとは別のセルを入力先として選択し（❶）、CLEAN関数を入力する。ここではセルB2内の改行を削除したいので、「=CLEAN(B2)」と入力した（❷）。

● 文字列から改行が除去される

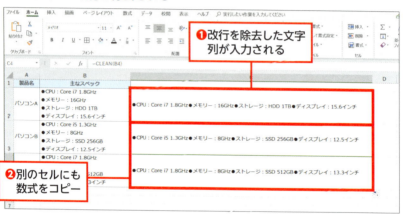

入力先のセルに、元の文字列から改行を除去したものがコピーされる（❶）。ほかにも改行を削除したいセルがある場合は、オートフィルなどで数式をコピーすればよい（❷）。あとは、改行削除後の文字列をコピーして元のセルに値として貼り付ければ完了だ。

COLUMN　TRIM関数で不要なスペースを削除する

セル内の余分なスペースを削除したいときは、TRIM関数を利用します。

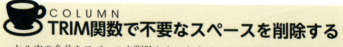

このように入力すると、単語間のスペースを1つだけ残して、それ以外のスペースを削除できます。セルの先頭や、2つ以上連続して入力されたスペースを取り除きたいときに使いましょう。

3-15 数式や関数がどのセルを参照しているかを調べるには

時短40分

数式や関数の入ったセルを選択して数式バーを見れば、参照しているセルを知ることはできます。しかし、いちいちセル番地を確認せねばならず、離れた場所のセルを参照していると、なかなかわかりづらいこともあります。何か方法はないでしょうか。

参照元／参照先のトレースを行う

<u>セル参照の関係をぱっと見てわかるようにしたいときは、［参照元のトレース］や［参照先のトレース］機能を利用します</u>。これらの機能を使えば、セルに入力されている数式や関数がどのセルを参照しているかが見やすく表示されます。

ここでは九九の表を例にしつつ、まず［参照元のトレース］の使い方を見ていきましょう。

●［参照元のトレース］で数式が参照しているセルを知る

セルに埋め込まれた数式が、どのセルを算出の「元」にしているかを知るには、そのセルを選択してから（❶）、［数式］タブの［ワークシート分析］グループで［参照先のトレース］をクリックすればよい（❷）。元となるすべてのセルから選択したセルへ矢印が表示される

次に、［参照先のトレース］の使い方を見ていきます。

● ［参照先のトレース］で特定のセルを参照している「先」を知る

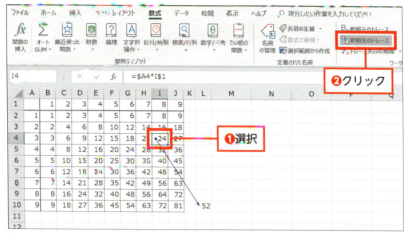

特定のセルが、どのセルから参照されているかを知るには、そのセルを選択して（❶）から［数式］タブの［ワークシート分析］グループで［参照先のトレース］をクリックすればよい（❷）。選択したセルを参照しているすべてのセルへ矢印が表示される

COLUMN 教材でも間違える「参照元」と「参照先」

「参照元」と「参照先」という用語は、日本語の感覚と合わないところがあり、間違えやすいといえます。誤った使い方を教えている教材もあるくらいなので、ぜひ注意してください。元の値からその値を参照したセルに向かって矢印を引いた場合、矢印の先が「先」で矢印の根元が「元」です。つまり、セルL10にとって参照元はセルI4とセルE8であり、セルI4にとって参照先はセルL10なのです。

3-16 特定の文字列を含んだセルの数をカウントするには

時短10分

COUNTIF関数で引数に「出席」という文字列を指定すると、「ご出席」や「出席します」がカウントから漏れてしまいます。それらも併せてカウントするには、どうすればよいでしょうか。

ワイルドカード「*」を利用する

特定の文字列を含んだセルをカウントするには、COUNTIF関数を使いますが、これでカウントできるのはその文字列のみが入ったセルです。まずCOUNTIF関数の書式を確認しておきましょう。

=COUNTIF(検索範囲, 検索条件)

「検索範囲」に検索対象となるセル範囲などを指定します。また、「検索条件」には何を検索するかを数値や文字列、セル参照などで指定します。

もし**前後に別の文字列が入ったセルもカウントしたい場合は、ワイルドカードを利用します**。ワイルドカードには「*」と「?」の2種類があります。「*」は「0文字以上の任意の文字列」を意味するので、COUNTIF関数の第2引数を「*出席*」とすれば、「出席します」や「今回も出席です」をカウントできます。なお、「?」は「1文字の任意の文字列」を表します。

● カウントしたい文字列を「*」ではさむ

「出席します」「謹んで出席いたします」もカウントできるのは便利だが、「出席しません」「出席できません」もカウントしてしまうため、使い方には注意が必要だ

「1+43.1-43.2」が0.9にならない？

エクセルで小数を含む計算をしていると、なぜか正しい答えが出てこないときがあります。理由と対処方法を知っておきましょう。

エクセルは小数計算が苦手

エクセルに限らず、コンピューターの大半のソフトフェアは内部で2進数を利用しています。そのため、**小数を扱うと、10進数に直すときに誤差が生じてしまいます**。

たとえば、エクセルで「43.1-43.2」を計算すると、一見正しく「-0.1」と表示されますが、セルの表示形式を「数値」、「小数点以下の桁数」を「15」以上にすると、0.00000000000001よけいに引かれるために「1+43.1-43.2」は「0.9」ではなく「0.899999999999999」となってしまいます。

● Excelの計算には誤差がある

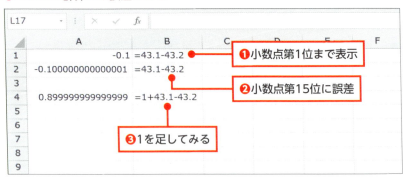

「43.1-43.2」の答えを小数点第1位まで表示すると、正しく計算されているように見える（❶）。しかし、小数点以下15位で誤差が出てくる（❷）。1を加えると、誤差がよくわかる（❸）

コンピューター内の数値は2進数、すなわち2のべき乗で表現されます。整数の場合、たとえば「7=2^2+2^1+2^0」のように表せます。しかし、小数は小数は「2^(-1)」（0.5）、「2^(-2)」（0.25）などの組み合わせとなるため、10進数の小数とぴったり一致させられるケースが少ないのです。つまり、コンピューター上の小数のほとんどは実際には近似値、すなわち誤

差を含んだ数値なのです。

　また、精密な計算をしたいなら、エクセルの有効桁数のことも知っておきましょう。エクセルでは、15桁目までしか有効ではありません。たとえば、大きな整数である「1234567890123456」と入力すると、16桁目の「6」は無視されてしまいます。一方、小数でも「0.1234567890123456」の最後の「6」は無視されます。

　保持できる桁数を大きくするとメモリが消費され、計算にも時間がかかるため、現実的な妥協点として国際規格IEEE754では「精度は15桁」と定められています。もし桁数の多い数値の計算を正確に行いたいなら、エクセルは使うべきではありません。

● **計算可能な桁数はおおよそ15桁まで**

	A	B	C
1	桁数	整数	小数
2	1	1	0.10000000000000000000
3	2	12	0.12000000000000000000
4	3	123	0.12300000000000000000
5	4	1234	0.12340000000000000000
6	5	12345	0.12345000000000000000
7	6	123456	0.12345600000000000000
8	7	1234567	0.12345670000000000000
9	8	12345678	0.12345678000000000000
10	9	123456789	0.12345678900000000000
11	10	1234567890	0.12345678910000000000
12	11	12345678901	0.12345678901000000000
13	12	123456789012	0.12345678901200000000
14	13	1234567890123	0.12345678901230000000
15	14	12345678901234	0.12345678901234000000
16	15	123456789012345	0.12345678901234500000
17	16	1234567890123450	0.12345678901234500000

整数、小数とも16桁目の入力が反映されていないのがわかる

　とはいえ、日常的な場面で誤差を意識しなければならないケースは、それほど多くありません。金額の計算は整数のみ扱うため、誤差は出てきません。16桁以上になると怪しくなりますが、16桁は1000兆のオーダーなので、お金の計算には必要ないでしょう。また、実験結果の統計では、そもそも結果の数値に誤差が含まれているため、あまり桁数を多くする意味がありません。

　小数の誤差がどうしても気になるなら、ROUND関数で丸めて小数点以下の桁数を減らすか、10^n倍して整数にして計算し、後で10^nで割れば、正確な数値を求めやすいでしょう。

3-18 重くて動かないエクセルファイルを動かす奥の手は？

大量のデータを含むブックを扱っていると、計算結果が出てくるまで時間がかかるようになることがあります。とりあえず入力だけ先に済ませて、あとで計算するようにできないでしょうか。

計算方法を手動に切り替える

　数万行もあるデータをVLOOKUP関数やCOUNTIF関数で参照する表を作成すると、数式をコピーした際に結果が出るまで数十秒もかかってしまうことがあります。INDIRECT関数やOFFSET関数も計算速度を下げる要因だともいわれています。一般に、数式やセル参照が多い場合、参照元のセルが別の参照先になっている場合などで問題になりやすいようです。

　データを作り替えたり、関数を変更したりして計算速度がなるべく下がらないようにするのも対処方法としては間違っていませんが、**いっそのこと、再計算を後回しにするという手もあります。**

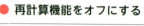
●再計算機能をオフにする

　再計算を自動的に行わないようにするには、［数式］タブの［計算方法］グループで［計算方法の設定］をクリックし（①）、表示されたメニューから［手動］を選択すればよい（②）。これだけで、セルを編集しても再計算が実行されなくなり、作業効率が向上する。ひととおり修正が終わって最新の計算結果を見たい場合は、［数式］タブの［計算方法］グループで［再計算実行］をクリックすればよい（③）（[F9]キーでも可）。とりあえず見えているシートだけ再計算するなら［シート再計算］をクリックするか[Shift]＋[F9]キーを押す

数式・関数を入力したら、値ではなく数式そのものが表示された！

セルに数式や関数を入力したにもかかわらず、計算結果の値ではなく、数式がそのまま表示されてしまうことがあります。

文字列として入力していないか確認しよう

まず、［数式］タブの［ワークシート分析］グループで［**数式の表示**］が**オンになっていないか確認しましょう**。オフになっているのに値ではなく数式が表示される場合は、セルの表示形式が原因として考えられます。

セルの表示形式を［文字列］にした状態で数式や関数を入力すると、入力内容が文字列として扱われます。そのため計算が実行されず、値が表示されないのです。あまり頻繁に起こるトラブルではないかもしれませんが、「文字列を入力するつもりで表示形式を設定しておいたセルに、予定を変更して数式を入力した」というような場合には注意しましょう。

● 表示形式が［文字列］だと値が表示されない

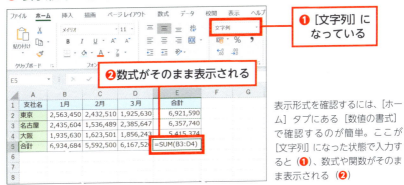

表示形式を確認するには、［ホーム］タブにある［数値の書式］で確認するのが簡単。ここが［文字列］になった状態で入力すると（❶）、数式や関数がそのまま表示される（❷）

ATTENTION

表示形式を［文字列］にして数式を入力してしまった場合、あとから［数値］や［通貨］などの形式に変更しても、値は表示されません。計算を実行するには、表示形式を変更してから数式を入力し直す必要があります。

3-20 エラー表示そのままではカッコ悪い！

ほかのユーザーとブックを共有したり、印刷して配布したりするとき、セルにエラー値が表示されたままだと見栄えがよくありません。エラーを非表示にするにはどんな方法があるのか知っておきましょう。

関数を使ってエラーを非表示にする

関数を使うと、たとえ数式に誤りがなくてもエラー値が返ってくることがあります。たとえばVLOOKUP関数では、該当するデータがない場合に「#N/A」というエラーが返されます。このような**エラーを非表示にするには、IFERROR関数を使うのが一般的**です。

=IFERROR(チェックする値 ,"エラー時に表示する文字列")

「チェックする値」には、数式またはセル範囲を指定します。結果がエラーの場合はTRUEを返し、指定した文字列を表示します。エラー時に何も表示せず、セルを空白にしたい場合は、ダブルクォーテーションの間を省略して「""」としておきましょう。

● エラーを別の文字列に置き換える

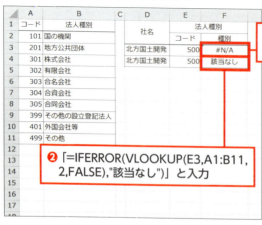

❶「=VLOOKUP(E3,A1:B11,2,FALSE)」と入力

❷「=IFERROR(VLOOKUP(E3,A1:B11,2,FALSE),"該当なし")」と入力

セルF2とF3は、どちらもVLOOKUP関数を使って左の表からコードを検索し、種別を表示するための数式が入っている。F3では、該当データがないためエラーが表示された（❶）。一方、F4ではIFERROR関数を使用し、エラー時には「該当なし」と表示されるようにしている（❷）

エラー表示そのままではカッコ悪い！

> **COLUMN**
> ## IF関数とISERROR関数を使う方法もある
>
> 　IFERROR関数は、Excel 2007で搭載された関数です。それ以前のバージョンでは、IF関数とISERROR関数を組み合わせてエラーを非表示にする方法がよく使われていました。
>
> **=IF(ISERROR(チェックする値),"エラー時に表示する文字列",数式)**
>
> 　ISERROR関数で数式や値にエラーがないかチェックし、その結果をIF関数でチェックして、TRUE（エラーがある）なら指定した文字列を返します。この方法はIFERROR関数を使うよりも構文が複雑で面倒なので、今となっては利用するメリットはほとんどありません。ただ、他社製のエクセル互換ソフトなどIFERROR関数に対応していない環境でファイルを開く可能性がある場合や、昔作ったファイルを再利用する場合などは、覚えておくと役立つこともあるでしょう。

　IFERROR関数は汎用性が高い反面、関数を入れ子にする必要があるため、やや煩雑です。そこで、1つの関数でエラーに対処する方法も覚えておきましょう。

　エラー表示で特に問題になりやすいのが、SUM関数やSUBTOTAL関数などの集計関数です。一般的な集計関数は、集計対象のセル範囲に1つでもエラー値があると、集計結果もエラーになってしまいます。これを防ぐために便利なのが、<u>エラーが含まれるセルや非表示のセルを無視して集計できるAGGREGATE関数です</u>。

=AGGREGATE(集計方法, オプション, 集計範囲 1, 集計範囲 2, ……)

　「集計方法」で1～19の数値を指定することで、さまざまな種類の集計が可能です。たとえば「1」なら平均値（AVERAGE）、「9」なら合計値（SUM）を求められます。また、「オプション」ではエラーなどを無視する方法を指定できます。使用できる集計方法とオプションには、次のような種類があります。

● AGGREGATE関数で使用できる集計方法

集計方法	機能	該当する関数
1	平均値を求める	AVERAGE
2	数値の個数を求める	COUNT
3	データの個数を求める	COUNTA
4	最大値を求める	MAX
5	最小値を求める	MIN
6	積を求める	PRODUCT
7	不偏標準偏差を求める	STDEV.S
8	標本標準偏差を求める	STDEV.P
9	合計値を求める	SUM
10	不偏分散を求める	VAR.S
11	標本分散を求める	VAR.P
12	中央値を求める	MEDIAN
13	最頻値を求める	MODE.SNGL
14	降順の順位を求める	LARGE
15	昇順の順位を求める	SMALL
16	百分位数を求める	PERCENTILE.INC
17	四分位数を求める	QUARTILE.INC
18	百分位数を求める（0と1を除く）	PERCENTILE.EXC
19	四分位数を求める（0と1を除く）	QUARTILE.EXC

● AGGREGATE関数で指定できるオプション

オプション	機能
0または省略	ネストされたSUBTOTAL関数とAGGREGATE関数を無視する
1	0の機能に加え、非表示の行を無視する
2	0の機能に加え、エラー値を無視する
3	0の機能に加え、非表示の行とエラー値を無視する
4	何も無視しない
5	非表示の行を無視する
6	エラー値を無視する
7	非表示の行とエラー値を無視する

エラー表示そのままではカッコ悪い！ 20

● 通常の集計関数ではエラーに対処できない

	A	B	C
1	日付	金額	摘要
2	1/4	1,716	携帯(docomo)
3	1/31	1,716	携帯(docomo)
4	2/28	1,715	携帯(docomo)
5	3/31	1,715	携帯(docomo)
6		6,862	=SUBTOTAL(9,B2:B5)
7	1/17	10,392	スマホ
8	2/16	12,618	スマホ
9	3/16	10,320	スマホ
10	3/31	324	スマホ
11		33,654	=SUBTOTAL(9,B7:B10)
12	1/5	4,915	光回線
13	2/6	4,920	光回線
14	3/6		光回線
15			
16	1/27	1,296	プロバイダ
17	2/27	1,296	プロバイダ
18	3/27	1,296	プロバイダ
19		3,888	=SUBTOTAL(9,B16:B18)
20	2/11	#DIV/0!	郵便
21	2/20	1,160	郵便
22	2/24	1,640	郵便
23		#DIV/0!	=SUBTOTAL
24		#DIV/0!	=SUBTOTAL
25			

❶集計範囲にエラー値がある

❷集計結果もエラーとなる

一般的な集計関数は、集計範囲にエラー値があると（❶）、集計結果もエラーになってしまう（❷）。[小計]機能で挿入されるSUBTOTAL関数も、集計範囲にエラー値があると正常に集計が行えない

● AGGREGATE関数はエラー値にも対処できる

❶AGGREGATE関数を入力

❷集計方法を選択

1 - AVERAGE
2 - COUNT
3 - COUNTA
4 - MAX
5 - MIN
6 - PRODUCT
7 - STDEV.S
8 - STDEV.P
9 - SUM
10 - VAR.S
11 - VAR.P
12 - MEDIAN

=AGGREGATE(9,3,F20:F22) → 2,800
=AGGREGATE(9,3,F2:F22) → 61,971

ここではSUBTOTAL関数の代わりにAGGREGATE関数を使ってみよう（❶）。まずは第1引数として集計方法を選択する（❷）。選択可能な集計方法のリストはSUBTOTAL関数と共通だ

● エラーの処理方法を指定する

❶オプションを指定

第2引数には、オプションとして集計の実行時に無視する要素を指定する。ここでは、エラー値や非表示の行などを無視できる「3」を指定した（❶）

● エラー値があっても集計結果を表示できる

❶集計範囲にエラー値がある

❷エラー値を無視した集計結果

集計範囲にエラー値が含まれていても（❶）、その値を除いて集計した結果が表示される（❷）

第**4**章

説得力が倍増するグラフを素早く作る

本章では、グラフについて知っておくと便利なテーマを紹介しています。グラフを使いこなすための第一歩は、エクセルではどんなグラフが作れるのかを知ることです。いろんなグラフを作れますが、どのグラフを選んでもよいわけではありません。元のデータの種類によっては、選んではいけないグラフもあります。たとえば、時系列で変化するデータのグラフ化に円グラフを選ぶ人はいないでしょう。折れ線グラフが望ましく、せいぜい使えるとしても棒グラフまでです。また、ある時点での各項目の割合が重要なら、積み上げ縦棒グラフより100％積み上げ縦棒グラフのほうが適しています。グラフの選択が正しければ、あとはラベルなど細かいところに注目しましょう。どんなグラフを作れるのかわかっていれば、作業は難しくないので効率的に作業できるでしょう。

まずは「おすすめグラフ」でグラフを作ってみる

グラフで最初に乗り越えるべき障害は、どのグラフを選択するかです。困ったときはまず「おすすめグラフ」で作ってみると便利です。

グラフにしたい範囲を選択して、グラフの種類を選ぶ

　グラフはデータの比較や変遷を視覚的に表現できるため、ビジネスシーンでは大変重宝する機能です。しかし、ひとくちにグラフといっても、棒グラフ、折れ線グラフ、円グラフなど、多種多様なスタイルがあります。データの種類によって適切なスタイルのグラフを作らないと、かえってわかりにくくなってしまう恐れもあります。また、グラフによってカスタマイズ方法が異なるため、作り込んだあとで別の種類のグラフに変更すると、それまでにかけた手間が無駄になってしまうこともあります。

　最初のグラフ選びで迷ってしまったときは、「おすすめグラフ」の機能を使ってみると失敗を避けやすくなります。エクセルが推奨したスタイルから選ぶだけで、最適なグラフを簡単に作成できます。あれこれ迷うより、「おすすめグラフ」を上手に使いこなすほうが、結果的に時短にもつながるでしょう。

　なお、グラフにする表に見出し行がある場合は、それが自動的にグラフタイトルとして表示されます。作成したグラフはドラッグすることで任意の位置に移動でき、四隅のハンドルをドラッグすれば拡大や縮小が可能です。

まずは「おすすめグラフ」でグラフを作ってみる

● 「おすすめグラフ」を表示する

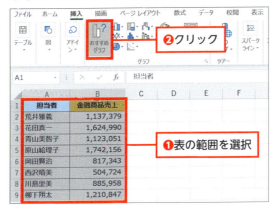

グラフにしたい表の範囲を選択し（❶）、［挿入］タブの［グラフ］グループで［おすすめグラフ］をクリックする（❷）

● グラフの種類を選択する

［グラフの挿入］ダイアログが表示されるので、左側から適用したいグラフの種類を選択（❶）

● グラフが追加される

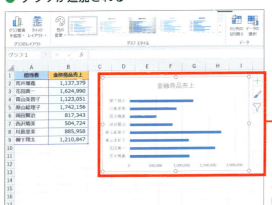

このようにグラフが作成された。グラフの位置はドラッグして移動できる

4-02 グラフにタイトルや軸ラベルを追加する

作成したグラフには、タイトルを追加しておくと何に関するグラフなのかわかりやすくなります。また、グラフの軸部分には軸ラベルを追加して、目盛や項目の意味がひと目でわかるようにしておきましょう。

🕒 グラフの文字要素は意外と大切

グラフを作成すると、表の見出し行にある文字列が、そのままグラフタイトルとして表示されます。見出しがない場合は、タイトルには「グラフタイトル」と表示されるので、これを任意のタイトルに書き換えれば問題ありません。

しかし、何らかの理由でタイトルが表示されない、あるいは、うっかりタイトルを削除してしまった場合は、タイトル箇所が空白のままになってしまいます。そんなときは、「グラフ要素の追加」から、あらためてグラフタイトルを追加できます。

また、数値や項目の意味を表示できる軸ラベルは、縦軸、もしくは横軸を選んで追加できます。==タイトルと軸ラベルがあれば、グラフの内容が瞬時に把握でき、作業の効率化にもつながるはずです。==

ここでは、グラフにタイトルと軸ラベルを追加する方法を紹介します。

● グラフタイトルを追加する

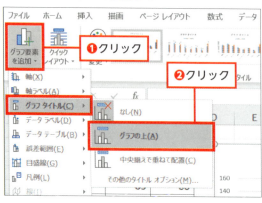

グラフをクリックして選択状態にしておき、［グラフツール］-［デザイン］タブの［グラフ要素を追加］をクリック（❶）。［グラフタイトル］からタイトルのスタイル（ここでは［グラフの上］）をクリックする（❷）

グラフにタイトルや軸ラベルを追加する 02

● タイトルの位置や内容を調整

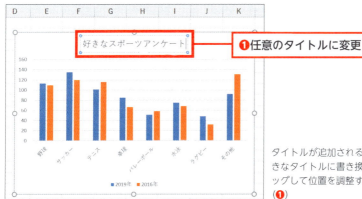

タイトルが追加されるので、好きなタイトルに書き換えてドラッグして位置を調整すればよい（❶）

● 軸ラベルを追加する

グラフをクリックして選択状態にしておき、[グラフツール] - [デザイン] タブの [グラフ要素を追加] をクリック（❶）。[軸ラベル] から軸ラベルのスタイル（第1縦軸）をクリックする（❷）

● タイトルの位置や内容を調整

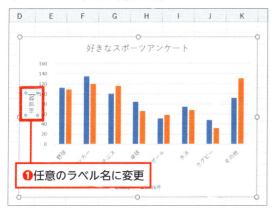

軸ラベルが追加されるので、好きなラベル名に書き換えてドラッグして位置を調整すればよい（❶）

4-03 軸の目盛間隔を変更する

時短20分

グラフの軸には、数値を把握するための目盛が表示されています。この目盛は、グラフのサイズに合わせて間隔を大きくしたり、小さくしたりしておくことでより見やすくなります。

見やすくなるように最適な間隔で表示する

　軸の目盛はグラフの数値を確認するために欠かせないものです。通常はグラフを作成することで、自動的に適度な間隔で表示されますが、データの分布によっては間隔が広すぎたり、逆に狭すぎて見にくくなってしまうことがあります。

　そんなときは、**軸の書式設定から任意の目盛間隔に変更することができます。グラフのサイズに比べて間隔が広すぎる場合は狭く、逆に間隔が細かすぎて見づらい場合は広く変更しましょう。**

　なお、グラフを選択して四隅のハンドルをドラッグするとグラフの拡大や縮小ができますが、その際には目盛間隔も自動的に調整されます。

　ここでは例として、折れ線グラフの目盛間隔を「50」から「25」に変更する手順を紹介します。

● 軸の書式設定を表示する

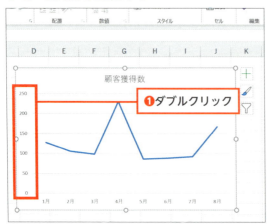

軸の目盛間隔を変更したいときは、グラフの軸部分をダブルクリックしよう（❶）

● 目盛の数値に変更する

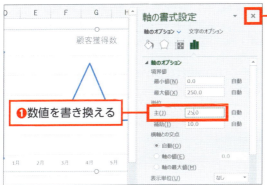

画面右端に［軸の書式設定］が表示されるので、［軸のオプション］の［単位］の［主］の数値を任意の目盛間隔（ここでは「25.0」）に書き換えて（❶）、右上の［×］をクリックする（❷）

● 目盛間隔が変更される

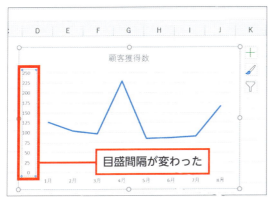

このように軸の目盛間隔が変更された。グラフの種類などに応じて見やすい間隔にしておくといいだろう

COLUMN
3D円グラフは使用に注意

下のグラフは、2つとも同じ数値を円グラフにしたものです。右の3D円グラフは手前にある真ん中が残り2つより大きく見えます。厳密に比較したいなら、3D円グラフは避けたほうがいいでしょう。

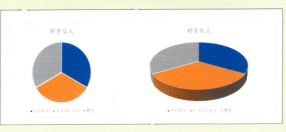

4-04 強調したい箇所の色を変更して目立たせる

時短05分

グラフによっては、特定のデータを強調したいケースもあります。そんなときは、その部分だけ色を変更すると、自然に注目させることができます。

🕐 目立たせたい部分は別の色にする

　データの推移をグラフで確認している場合、特に意識すべきデータは強調しておきたいものです。もちろん、テキストを追加して注意を促すこともできますが、意外と注意されにくいといえます。**そんなときに便利なのが、グラフの色の変更して強調する方法です。たとえば、棒グラフでは特定の値の色を［書式］タブから簡単に変更できます。**

　グラフがもともと寒色系なら、強調したい部分は暖色系にするといいでしょう。また、同系色で彩度の高い色を使うのもおすすめです。売上や営業成績のグラフなど、必要な箇所を強調して印象づけましょう。

● 目立たせたい箇所を選択する

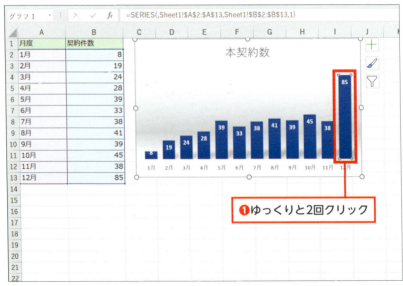

色を変えたい項目の部分をゆっくりと2回クリックし、選択状態にする（❶）

● グラフの色を変える

［書式］タブの［図形のスタイル］グループで［図形の塗りつぶし］をクリックし（❶）、変更したい色を選択する（❷）。選択した項目の色が変更される（❸）

4-05 折れ線グラフを縦に引きたい

時短10分

折れ線グラフは通常は横に伸びていく形式ですが、設定を変更すれば縦に引くことも可能です。スペース的な制約がある場合などに上手に活用しましょう。

横方向にスペースがないときに最適

折れ線グラフといえば、線が横に伸びていくスタイルが一般的です。しかし、**時系列が縦方向になっている場合や、横方向のスペースが限られている場合などは、あえて線を縦方向にすることもできます。**

縦に引くことは一見すると難しそうですが、原理としてはX軸とY軸を入れ替えるだけです。ここでは、グラフのデータソースを編集して、X軸の値とY軸の値を入れ替えて表示する手順を解説します。

このテクニックが威力を発揮するのは、折れ線グラフ単独よりも、棒グラフと折れ線グラフの複合グラフでしょう。縦方向に時系列が並んでいれば、横棒グラフと縦方向の折れ線グラフの組み合わせが便利です。

● 散布図でグラフを作成する

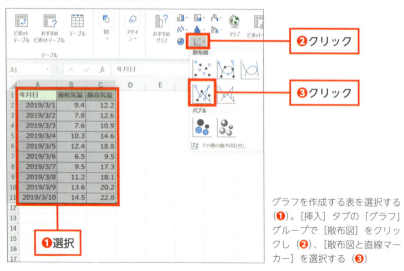

グラフを作成する表を選択する（❶）。［挿入］タブの「グラフ」グループで［散布図］をクリックし（❷）、［散布図と直線マーカー］を選択する（❸）

● [データソースの選択] 画面を表示する

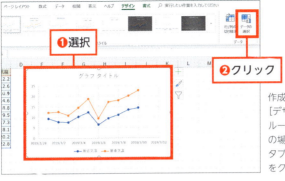

作成したグラフを選択し（❶）、[デザイン] タブの [データ] グループで [データの選択]（Macの場合は、[グラフのデザイン] タブの [グラフデータの選択]）をクリックする（❷）

● [系列の編集] 画面を表示する

[凡例項目] で項目を選択し（❶）、[編集] をクリックする（❷）（Macの場合は、[凡例項目] で項目を選択する）

● X軸とY軸の値を入れ替える

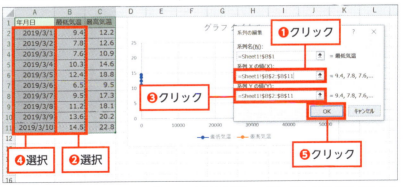

[系列Xの値]（Macの場合は [Xの値]）から=以外を削除して（❶）、現在のY軸の値（❷）を入力する。[系列Yの値]（Macの場合は [Yの値]）からも=以外を削除して（❸）、現在のX軸の値（❹）を入力する。値を入れ替えたら、[OK] をクリックする（❺）。あとは同様の手順ですべての項目のX軸とY軸を入れ替えれば、グラフが縦の折れ線になる

4-06 折れ線グラフの途中から線種を変更する

時短10分

折れ線グラフは通常は実線で表示されますが、必要に応じて線の種類を変更することも可能です。データの種類に応じて点線などを使って、より伝わりやすいグラフにするのは簡単です。

将来の数値は実線ではなく点線にするには

　折れ線グラフを作成する場合、将来の想定数値は点線にしたいというケースもあります。たとえば、売上実績などのグラフでは、招待の売上予測を含めて作成することがあります。こんなときは、**売上予測の部分だけ点線に変更することで、その部分があくまでも予測数値であることがわかりやすくなります**。必要に応じて色も目立ちやすいものにしておくといいでしょう。

　途中から線種を変えるには、あらかじめその箇所の値を表に用意しておく必要があります。ここでは、[選択対象の書式設定] から線の種類を変更する手順を解説します。

● 線種を変更する値の列を作成する

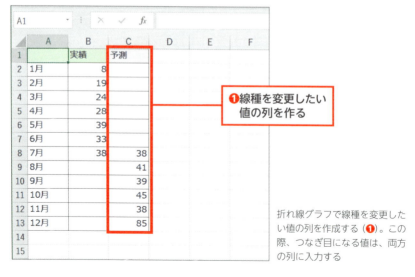

❶ 線種を変更したい値の列を作る

折れ線グラフで線種を変更したい値の列を作成する（❶）。この際、つなぎ目になる値は、両方の列に入力する

● 折れ線グラフを挿入する

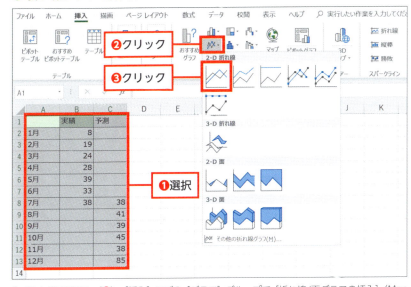

作成した表を選択し（❶）、[挿入] タブの [グラフ] グループで [折れ線/面グラフの挿入]（Macの場合は、[挿入] タブの [折れ線]）をクリックし（❷）、[折れ線] をクリックする（❸）

● 線種を変更する部分を選択する

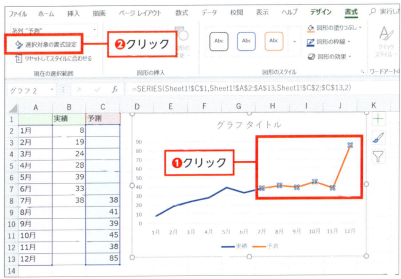

作成したグラフで、線種を変更したいグラフの部分をクリックし（❶）、[書式] タブの [現在の選択範囲] グループで [選択対象の書式設定]（Macの場合は、[書式] タブの [書式ウィンドウ]）をクリックする（❷）

● 線種を変更する

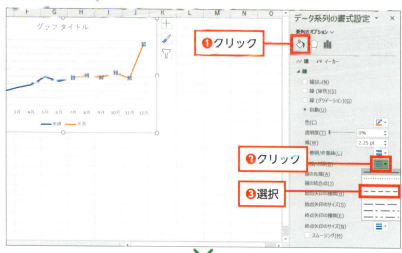

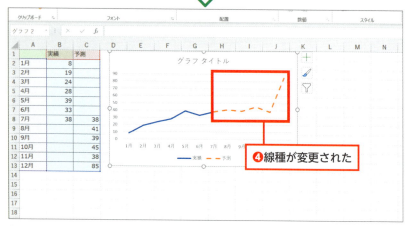

［塗りつぶしと線］をクリックする（❶）。［実線と点線］をクリックし（❷）、線種を選択する（❸）。グラフの線種が変更される（❹）

4-07 棒グラフと折れ線グラフを同じグラフ内に描きたい

時短10分

複数の要素を棒グラフと折れ線グラフで表現するスタイルは、「複合グラフ」と呼ばれます。ひとつのグラフで多角的に状況を確認でき、別々にグラフを作る手間がかからないので、省力化にも役立ちます。

複合グラフを使いこなす

　棒グラフと折れ線グラフが組み合わされた複合グラフは、ビジネスシーンでは頻繁に利用されます。たとえば、**売上額を棒グラフで、契約件数を折れ線グラフで表示したい場合、別々にグラフを作るのではなく、複合グラフにすれば1つのグラフで両方の要素を確認できます。**

　複合グラフの作成自体はいたってシンプルで、グラフのメニューの［組み合わせ］から選択するだけです。また、系列が複数ある既存のグラフの場合、特定の系列だけ折れ線グラフや棒グラフに変更することも簡単なので活用しましょう。たとえば、数ヶ月間の売上表を棒グラフにした場合、合計額だけを折れ線グラフに変更するといった使い方ができます。状況に応じて使い分けて、見やすいグラフを作りましょう。

● 2軸の複合グラフを作成する

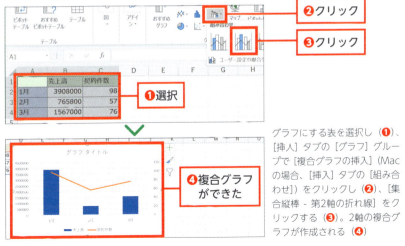

グラフにする表を選択し（❶）、［挿入］タブの［グラフ］グループで［複合グラフの挿入］（Macの場合、［挿入］タブの［組み合わせ］）をクリックし（❷）、［集合縦棒 - 第2軸の折れ線］をクリックする（❸）。2軸の複合グラフが作成される（❹）

● [データソースの選択] 画面を表示する

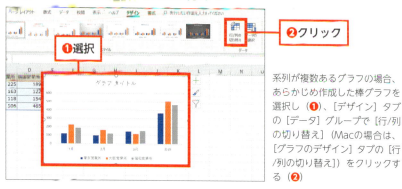

系列が複数あるグラフの場合、あらかじめ作成した棒グラフを選択し（❶）、[デザイン] タブの [データ] グループで [行/列の切り替え]（Macの場合は、[グラフのデザイン] タブの [行/列の切り替え]）をクリックする（❷）

● 指定の系列を折れ線グラフに変更する

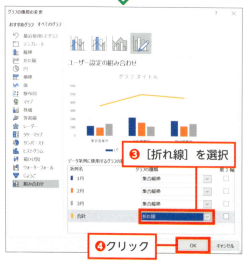

グラフの系列をクリックして選択し（❶）、[デザイン] タブの [データ] グループで [グラフの種類の変更] をクリックする（❷）。[グラフの種類の変更] 画面が表示されるので、グラフの種類を変更する系列で「折れ線」を選択し（❸）、[OK] をクリックする（❹）。Macの場合は、グラフの系列をクリックして選択し、[デザイン] タブの [グラフの種類の変更] をクリックし、[折れ線] → [折れ線] の順に選択する。これで指定した系列だけ折れ線グラフになり、複合グラフができあがる

4-08 円グラフをもっとわかりやすくしたい

時短10分

円グラフは、ひとつのグループ内の比率を確認するのに適していますが、実はさまざまなバリエーションがあります。データの種類などに応じて見せ方を変えれば、よりわかりやすいグラフにできます。

いろいろなテクニックを使い分ける

　円グラフは棒グラフなどと異なり、値の大小を確認するのが意外と難しいものです。すばやく把握したいときは、値の大きい順（降順）や小さい順（昇順）に項目を並べ替えておくと便利です。このルールを徹底しておけば、確認に手間取ることもなくなります。また、**ここで説明するテクニックを知っておくと、手際よく伝わりやすい円グラフを作ることが可能になります**。

　円グラフは基線位置を変えることで、回転させることもできます。視線を特定の値に集めたいときは、その場所がいちばん上になるように回転させましょう。

　データの種類によっては、特定の場所をはっきりと強調したいときがあります。もちろん、色を変えればある程度は目立たせることはできますが、円という特性上、それだけでは印象は弱いものです。そこで活用したいのが、強調したい部分を切り離して表示する方法です。視覚的にたとえるなら、ホールケーキから一人前のケーキを切り離すようなイメージでしょうか。自然に目が行くので、特に重要なデータを強調したいときに使いましょう。

　値の内訳を詳しく表示したい場合は、「補助円」を使えばわかりやすくできます。横に表示した小さな円グラフで内訳がわかるので、説明する手間も省けます。

　また、ユニークな円グラフとして「ドーナツグラフ」があります。その名のとおり、真ん中に穴が空いたドーナツ型の円グラフで、複数の系列の円グラフを同時に表示するのに向いています。なお、中心の穴の部分には、構成要素の総数などを記入しておくといいでしょう。

● 値の大きいものから順番に並べ替える

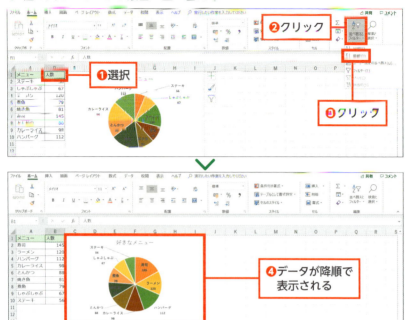

円グラフの元の表で、表の見出し列を選択し（❶）、[ホーム] タブの [編集] グループで [並べ替えとフィルター] をクリックし（❷）、[降順] をクリックする（❸）。円グラフが値の多い順に並べ替えられる（❹）。なお、ここでは [グラフツール] - [デザイン] タブの [グラフのレイアウト] グループで [クイックレイアウト] から [レイアウト4] を選択している

●[データ系列の書式設定] を表示する

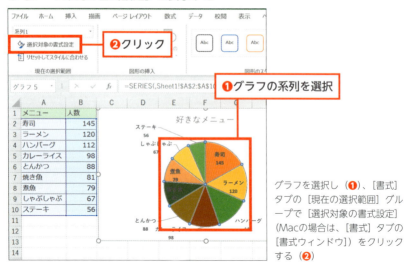

グラフを選択し（❶）、[書式] タブの [現在の選択範囲] グループで [選択対象の書式設定]（Macの場合は、[書式] タブの [書式ウィンドウ]）をクリックする（❷）

● 円グラフを回転させて値の大きい部分を上にする

表示された［データ系列の書式設定］で、［グラフの基線位置］のスライドバーをドラッグする（❶）。円グラフが回転するので、値の大きい部分が上になるように調整する（❷）

● 目立たせたい項目を切り離す

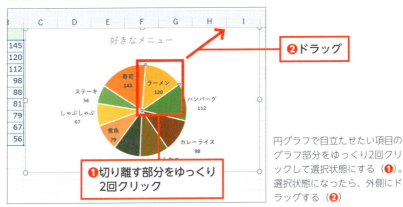

円グラフで目立たせたい項目のグラフ部分をゆっくり2回クリックして選択状態にする（❶）。選択状態になったら、外側にドラッグする（❷）

● 切り離したグラフの書式を設定する

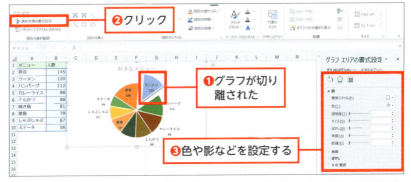

円グラフからグラフが切り離された（❶）。選択状態のまま、［書式］タブの［現在の選択範囲］グループで［選択対象の書式設定］（Macの場合は、［書式］タブの［書式ウィンドウ］）をクリックする（❷）。表示された［グラフエリアの書式設定］（Macの場合は［データ要素の書式設定］）で、色や影などの設定を変更して目立たせる（❸）

● 補助円付き円グラフを作成する

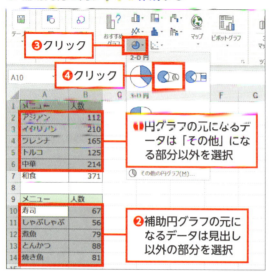

円グラフの元になるデータでは「その他」になる部分以外を選択し（❶）、補助円グラフの元になるデータは見出し以外の部分を Ctrl キーを押しながら選択する（❷）。データを選択できたら、[挿入] タブの [グラフ] グループで [円またはドーナツグラフの挿入]（Mac の場合は、[書式] タブの [書式ウィンドウ]）をクリックし（❸）、[補助円グラフ付き円] をクリックする（❹）

POINT

1つの表を選択して補助円グラフ付き円グラフを作成した場合、表の下位にある2つまたは3つが補助円グラフとして表示されます。

● [データ系列の書式設定] を表示する

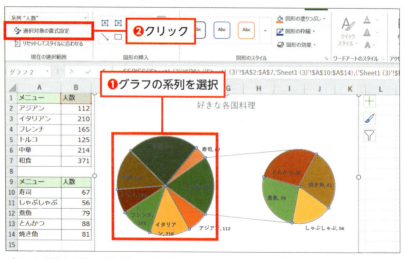

グラフを選択し（❶）、[書式] タブの [現在の選択範囲] グループで [選択対象の書式設定]（Mac の場合は、[書式] タブの [書式ウィンドウ]）をクリックする（❷）

● 補助円グラフの表示を正しくする

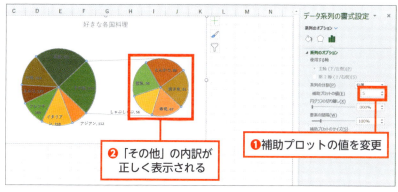

表示された［データ系列の書式設定］で、［補助プロットの値］を「その他」の値の数に変更する（❶）。補助円グラフが正しく表示される（❷）

POINT

［系列の分割］を「値」に変更すると、指定した数値未満の項目を補助円グラフに含むことができます。

● 補助円グラフの表示を調整する

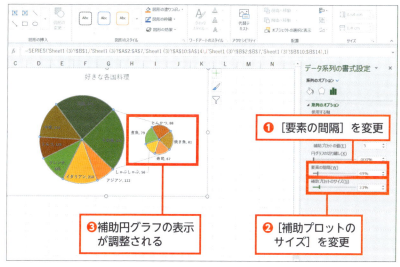

円グラフと補助円グラフの間隔を調整したいときは、［要素の間隔］をドラッグして調整する（❶）。補助円グラフの大きさを調整したいときは、［補助プロットのサイズ］をドラッグして調整する（❷）。補助円グラフの表示が調整される（❸）

● ドーナツグラフを作成する

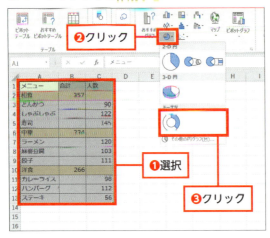

ドーナツグラフの元になる表を選択し（❶）、[挿入] タブの [グラフ] グループで [円またはドーナツグラフの挿入]（Macの場合は、[書式] タブの [書式ウィンドウ]）をクリックし（❷）、[ドーナツ] をクリックする（❸）

POINT

多重構造のドーナツグラフを作成する場合、前列が内側、後列に行くごとに外側のドーナツグラフになります。

● ドーナツグラフの穴の大きさを調整する

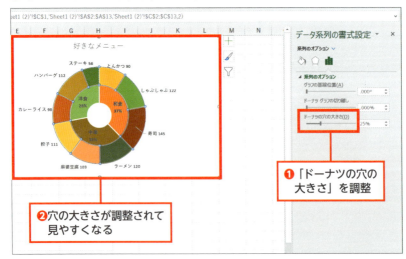

作成したグラフを選択し、[書式] タブの [現在の選択範囲] グループで [選択対象の書式設定]（Macの場合は、[書式] タブの [書式ウィンドウ]）をクリックする。表示された [データ系列の書式設定] で、[ドーナツの穴の大きさ] をドラッグして調整すると（❶）、ドーナツグラフの穴の大きさが調整される（❷）

第5章

手際よく思い通りに印刷する

エクセルの印刷で最大の課題が、印刷したい部分だけを過不足なく取り出して印刷することです。ワードと異なり、ページの切れ目が画面上で明示されているわけではないため、どこまで印刷されるのかを確認するには表示方法を切り替えるなど、一手間かかります。大きな表を印刷する際、どうすれば読みやすくなるのかも重要なテーマです。また、通常は印刷できない枠線を印刷結果に含めたり、シートの背景に「部外秘」などの画像を配置して印刷したり、ちょっとしたテクニックも知っておくと業務時短としては効果的です。

5-01 印刷設定のミスを印刷前に見つける

時短05分

エクセルで作ったファイルを印刷したとき、意図したような印刷結果が得られず「しまった！」と思った経験のある人は多いでしょう。そんな失敗を防ぐには、事前にプレビューをしっかり確認することが大切です。

● プレビューで印刷結果を事前に確認しよう

　エクセルの［印刷］画面では、現在開いているシートを印刷するとどんな結果になるのかをプレビューで確認できます。画面左の［設定］で用紙のサイズや余白、拡大縮小などのオプションを変更すると、すぐにプレビューに反映されます。**印刷前にプレビューをしっかりチェックし、適切な設定に変更することは、印刷に関する時短の基本です。**

● 印刷プレビューを確認する

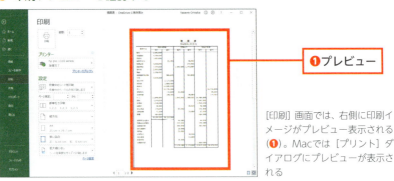

❶プレビュー

［印刷］画面では、右側に印刷イメージがプレビュー表示される（❶）。Macでは［プリント］ダイアログにプレビューが表示される

● プレビューを拡大表示する

❶クリック

［印刷］画面の右下にある［ページに合わせる］をクリックすると（❶）、プレビュー表示を拡大できる。もう一度クリックすると、全体表示に戻すことができる。Macではダイアログ左下の［PDF］メニューで［"プレビュー"で開く］を選ぼう

5-02 コスト削減のためにカラープリンターでモノクロ印刷したい

時短10分

大量の資料を印刷したいときなど、モノクロで印刷すればインク代を節約できます。そこで、モノクロでも見やすく印刷するための方法を覚えておきましょう。

「白黒印刷」を選べばモノクロでも見やすい

　セルの背景やグラフなどをカラフルに仕上げた文書でも、印刷するときはモノクロにしたい場合があります。プリンターの設定で「モノクロ」や「グレースケール」を選択するという方法もありますが、これだとグラフなどの色が見づらくなってしまうことが多いものです。そこで、<u>エクセルの[ページ設定]ダイアログで[白黒印刷]を有効にしておきましょう</u>。グラフなどの色や罫線の太さなどがモノクロ印刷に最適化され、視認性が高くなります。モノクロのレーザープリンターで印刷する場合も、この方法がおすすめです。

● [シート] タブで [白黒印刷] を設定

❶クリック
❷クリック

Backstageビューの左側で[印刷]をクリックしたら、[印刷]画面の下部にある[ページ設定]をクリックする。Macでは[ファイル]メニューで[ページ設定]を選択する。[ページ設定]ダイアログが表示されたら[シート]タブをクリックし（❶）、中段の[印刷]にある[白黒印刷]にチェックを付ける（❷）

5-03 印刷トラブル防止にセル幅や文字サイズ調整は"禁じ手"

印刷用のデータをほかの人に渡すとき、ちょっとした配慮をしてみませんか。1ページに収まりそうだけど、あと少しのところで横がはみ出してしまうサイズのデータなら、ちょっと調整すれば違和感なく、はみ出すことなく印刷できるようになります。

[ページレイアウト] タブで横幅を調整する

　自分の作ったデータを受け取った相手が必ず印刷する場合、ちょっとした配慮をしておくと、印刷のトラブルを避けることができます。

　エクセルでは、表の横幅が大きくて1枚に収まらないとき、次の用紙に分割して印刷します。そのため、本来1ページに収めたい表の横幅が少し大きすぎるだけでも、本来のページ数の2倍の印刷用紙を消費します。縦に長い表だと、無駄になる印刷用紙の枚数もバカになりません。

　このような印刷トラブルを避けるのに、セル幅や文字サイズを変更して表のサイズを小さく作り変えるのは"禁じ手"です。そもそも作業に時間がかかるうえに、全体のバランスが崩れてしまうこともあります。<u>[ページレイアウト] タブで横や縦のページ数を調整するのがおすすめです。</u>

● 表の端が印刷時に切れてしまう

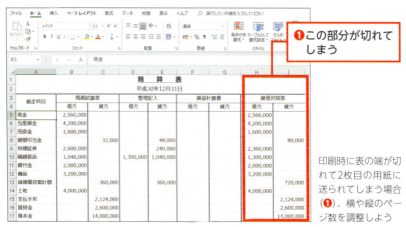

❶この部分が切れてしまう

印刷時に表の端が切れて2枚目の用紙に送られてしまう場合（❶）、横や縦のページ数を調整しよう

印刷トラブル防止にセル幅や文字サイズ調整は"禁じ手" 03

● 横幅を縮小して1ページに収める

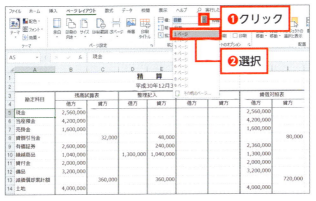

［ページレイアウト］タブの［拡大縮小印刷］グループで［横］の［▼］をクリックし（❶）、[1ページ]を選択する（❷）（Macでは［幅］の[v]をクリックする）

● 高さを縮小して1ページに収める

必要に応じて［ページレイアウト］タブの［拡大縮小印刷］で［縦］の［▼］をクリックし（❶）、[1ページ]を選択する（❷）（Macでは［高さ］の[v]をクリック）

POINT

「拡大縮小印刷」で横幅や高さを調整した場合、印刷の前にプレビューでイメージを確認しておきましょう。縮小しすぎると文字が読みにくくなるので、そのようなケースでは用紙の向きやサイズを変更するなど、別の方法と併用した対処が必要になります。

5-04 各ページにタイトル行を印刷したい

時短10分

縦長の表を複数のページに分割して印刷すると、タイトル行が1ページ目にしか印刷されず、2ページ目以降では列ごとのデータが何を示すのか把握しづらくなります。これを防ぐために、各ページの先頭にタイトル行を印刷する方法を覚えておきましょう。

[ページ設定]でタイトル行を指定して印刷

印刷内容に関する細かい設定は、[ページ設定]ダイアログで行います。**タイトル行をすべてのページに印刷したい場合、どの行がタイトルにあたるのかを指定しておく必要があります**。実際に印刷する前にページレイアウトを確認し、きちんと設定できているかどうか確認しておきましょう。なお、横長の表で左右が複数のページに分割される場合は、タイトル列を各ページに印刷することも可能です。

● [ページ設定]ダイアログを表示する

[ページレイアウト]タブの[シートのオプション]グループの右下にある[シートのページ設定]をクリックする（❶）。Macでは[ファイル]メニューで[ページ設定]を選択する

● タイトル行の設定を開始する

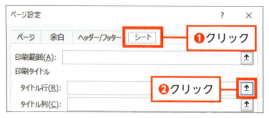

[ページ設定]ダイアログの[シート]タブで（❶）[タイトル行]の右にあるアイコンをクリックする（❷）。横長の表でタイトル列を設定したい場合は[タイトル列]の右のアイコンをクリックしよう

04 各ページにタイトル行を印刷したい

● 表のタイトル行を選択する

タイトル行に設定したい行をクリックして選択してから（❶）、縮小表示されているダイアログの右にある小さなアイコンをクリックする（❷）

● ［ページ設定］ダイアログを閉じる

［ページ設定］ダイアログの全体が表示されたら、［OK］をクリックする（❶）

● 2ページ目以降のタイトル行を確認

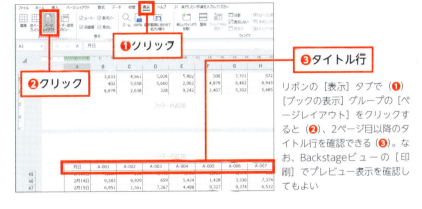

リボンの［表示］タブで（❶）、［ブックの表示］グループの［ページレイアウト］をクリックすると（❷）、2ページ目以降のタイトル行を確認できる（❸）。なお、Backstageビューの［印刷］でプレビュー表示を確認してもよい

5-05 エクセルのない環境でも正しく印刷してもらうには

時短10分

エクセルを持っていない相手にファイルを印刷してもらいたいときは、PDF形式で書き出してから渡すと確実です。PDFなら受け取った側も扱いやすく、トラブルが起こりにくくなります。

ファイルをPDF形式で書き出してから渡す

ファイルを渡したい相手がエクセルを持っているかどうかわからない場合は、PDF形式に変換してから送付するのがおすすめです。PDFならAdobe Acrobat Readerなどの無料ソフトで閲覧でき、エクセルのブックを他社製の互換ソフトで開いたときのようにレイアウトが崩れる心配もありません。ファイルを編集してもらう必要がある場合には不向きですが、閲覧・印刷さえできればいいという場合には便利です。

エクセルのエクスポート機能を使えば、Adobe Acrobatなどのソフトがなくても、ファイルを簡単にPDF形式で出力できます。出力時には「標準」と「最小サイズ」の2種類から品質を選択できますが、印刷してもらう場合は「標準」を選んだほうがよいでしょう。また、標準の設定では現在表示しているシートだけがPDFで出力されますが、ブック全体あるいは複数のシートを選択して出力することも可能です。

● PDF形式にエクスポートする

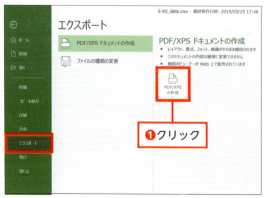

Backstageビューで[エクスポート]→[PDF/XPSドキュメントの作成]→[PDF/XPSの作成]をクリック❶。次の画面でファイル名と出力品質を指定する

第5章 手際よく思い通りに印刷する

5-06 各ページに印刷する範囲を細かく決めておきたい

時短10分

大きな表を複数のページに分けて印刷するとき、中途半端な位置でページが切れてしまうと、見栄えが悪く内容も把握しづらくなります。そんなときは「改ページプレビュー」を使って区切り位置を変更しましょう。

改ページプレビューで区切り位置を指定する

　改ページプレビューは、現在の設定で印刷したときに、どこでページが分割されるのかを確認するための画面です。**ページの境界が青い線で表示され、この線をドラッグすれば改ページ位置を移動させることが可能です。**ここでは縦長の表を上下に分割して印刷する場合を例に説明しますが、横長の表で左右にページを分割する場合も、同様の方法で改ページ位置を変更できます。実際の表を見ながら行単位または列単位で細かく調整できるので、思いどおりの印刷結果を得られるようになります。

● ページの区切りを移動する

[表示] タブの [ブックの表示] グループで [改ページプレビュー] をクリックする (❶)。[改ページプレビュー] 表示に切り替わったら、ページの境界を示す青い線をドラッグして移動する (❷)

5-07 大きな表の一部だけ印刷できる？

時短05分

大量のデータを1つのシートで管理している場合、その一部だけを印刷したいこともあるでしょう。そんなときは印刷範囲を設定することで、特定のセル範囲だけを印刷できます。

[印刷範囲]で特定のセル範囲だけを選択する

表の一部だけを印刷したいときは、リボンの[ページレイアウト]タブにある[印刷範囲]で設定します。対象となるセル範囲を選択しておき、その部分を印刷範囲として設定すればOKです。ファイルを保存すると印刷範囲の情報も保持され、次回以降も同じ設定で印刷できます。

● 選択範囲を印刷範囲として設定する

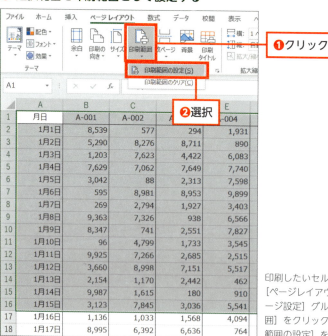

印刷したいセル範囲を選択し、[ページレイアウト]タブの[ページ設定]グループで[印刷範囲]をクリックし（❶）、[印刷範囲の設定]を選択する（❷）

● **印刷イメージをプレビューで確認**

Backstageビューの［印刷］画面に切り替え（❶）、右側のプレビュー表示で意図どおりに印刷範囲が設定されているかどうかを確認する（❷）。Macでは［ファイル］メニューで［プリント］を選択するとプレビューを確認できる

POINT

別の範囲を印刷範囲に追加したい場合は、リボンの［ページレイアウト］タブで［ページ設定］グループにある［印刷範囲］をクリックし、［印刷範囲に追加］を選択します。すでに設定した印刷範囲の指定を解除するには、［印刷範囲のクリア］を選択します。

COLUMN 一時的に印刷範囲を指定して印刷する場合

印刷範囲の指定が一時的なもので、設定を残す必要がない場合には、範囲選択してからBackstageビューの［印刷］画面の［設定］で［選択した部分を印刷］を選びます。Macでは［プリント］ダイアログの「印刷］ポップアップメニューで［選択範囲］を選びます。なお、［印刷範囲を無視］を選ぶと、設定済みの印刷範囲とは無関係に表の全体を印刷できます。

5-08 印刷時のみ適用したい設定がある

時短20分

印刷時に特定の列を非表示にしたり、用紙の縦横を変更したりする場合、通常は印刷が終わったらいちいち設定を変更しなければならず、大変面倒です。そこで、これらの設定を印刷時に限定して適用する方法を覚えておきましょう。

🕐 印刷用のビューを保存して簡単に切り替える

「印刷時は常に除外したい列がある」というような場合、そのつど非表示にしたり、元に戻したりするのは非常に手間がかかります。そんなときは、**「ユーザー設定のビュー」で印刷専用の設定を作成しておきましょう**。印刷時のみ登録したビューに切り替えるだけで済むようになり、無駄な労力を省くことができます。

● よく使う設定の登録を開始する

フィルターなどの設定を使用頻度の高い状態にしておき（❶）、リボンの［表示］タブの［ブックの表示］グループで［ユーザー設定のビュー］をクリックする（❷）

● ユーザー設定のビューを追加する

［ユーザー設定のビュー］ダイアログで［追加］をクリックする（❶）。Macでは［+］をクリックする

● ビューに名前を付けて登録する

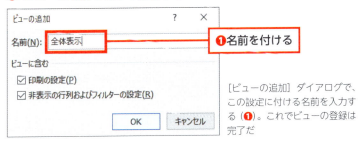

[ビューの追加] ダイアログで、この設定に付ける名前を入力する（❶）。これでビューの登録は完了だ

● ユーザー設定のビューを切り替える

登録したビューを切り替えるには、[表示] タブの [ブックの設定] グループで [ユーザー設定のビュー] をクリックし（❶）、[ユーザー設定のビュー] ダイアログで切り替えたいビューを選択してから（❷）、[表示] をクリックする（❸）

5-09 印刷したときのセルの大きさを印刷前に計算したい

時短10分

画面で見ていると問題なかったのに、実際に印刷してみるとセルのサイズが小さすぎた、ということもあるでしょう。そこで、正確なサイズを事前に確認し、必要であればcm単位で調整する方法を紹介します。

ページレイアウトならcm単位でサイズがわかる

列ラベルの境界をクリックしたり、左右にドラッグして幅を調整したりすると、現在の列幅が表示されます。同様に、行ラベルでは行の高さを確認できます。ただし、この方法で確認できるサイズはピクセル単位になっており、印刷したら何cmくらいになるのかピンときません。そんなときは**画面を[ページレイアウト]表示に切り替えると、cm単位でサイズを確認できるようになります**。また、ダイアログで数値を入力し、cm単位でサイズを設定することも可能です。

● ページレイアウト表示に切り替える

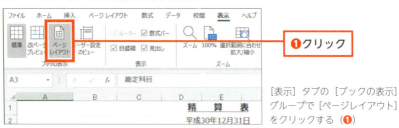

❶クリック

[表示] タブの [ブックの表示] グループで [ページレイアウト] をクリックする（❶）

● 列の幅や行の高さを調整する

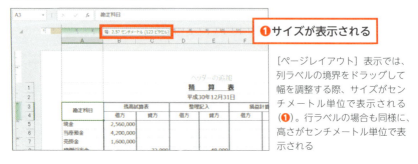

❶サイズが表示される

[ページレイアウト] 表示では、列ラベルの境界をドラッグして幅を調整する際、サイズがセンチメートル単位で表示される（❶）。行ラベルの場合も同様に、高さがセンチメートル単位で表示される

印刷したときのセルの大きさを印刷前に計算したい

● 数値を指定して幅や高さを変更する

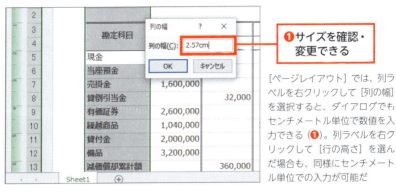

❶サイズを確認・変更できる

[ページレイアウト]では、列ラベルを右クリックして[列の幅]を選択すると、ダイアログでもセンチメートル単位で数値を入力できる(❶)。列ラベルを右クリックして[行の高さ]を選んだ場合も、同様にセンチメートル単位での入力が可能だ

標準の設定ではサイズがcm単位で表示されますが、mm単位で確認することも可能です。エクセルのオプションで、以下の手順でルーラーの単位を変更しましょう。

● オプション画面を表示する

❶クリック

Backstageビューの左下にある[オプション]をクリックする(❶)。Macでは[Excel]メニューから[環境設定]を選択する

● [詳細設定]で[ルーラーの単位]を変更

❶クリック　❷クリック　❸選択

[Excelのオプション]ダイアログの左側で[詳細設定]を選択し(❶)、[表示]にある[ルーラーの単位]の右にある[▼]をクリックしたら(❷)、[ミリメートル]を選択する(❸)。Macでは[環境設定]の[全般]パネルに[ルーラーの単位]を選択するポップアップメニューがある

5-10 シートの背景に「部外秘」などの画像を配置したい

時短40分

エクセルで作成した書類を配布するとき、「部外秘」や「コピー禁止」などの文字を入れて印刷し、見る人に注意を促したい場合があります。このような「透かし」をシートの背景に配置する方法を紹介します。

ヘッダーに透かし用の画像を追加する

ワードには「社外秘」などの透かしを簡単に挿入する機能がありますが、エクセルの場合はこのような機能が見当たりません。しかし、**ヘッダーの機能を利用することで、シートの背景に透かしを入れることができます**。ただし、透かしとして使用する画像は、あらかじめ別のソフトで作成するなどの方法で用意しておく必要があります。画像のファイル形式は、JPEG/PNG/GIF/BMP/TIFFなど、パソコンで一般に使われるほとんどの種類に対応しています。

● ページレイアウト表示に切り替える

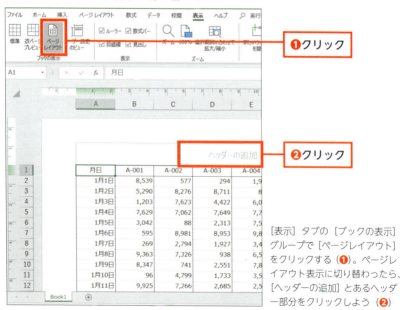

[表示] タブの [ブックの表示] グループで [ページレイアウト] をクリックする（❶）。ページレイアウト表示に切り替わったら、[ヘッダーの追加] とあるヘッダー部分をクリックしよう（❷）

シートの背景に「部外秘」などの画像を配置したい

● ヘッダーに画像の追加を開始する

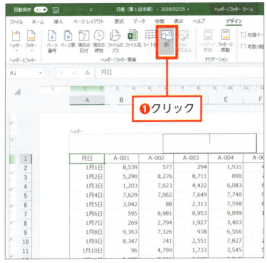

ヘッダー部分が入力待機状態になったら、[ヘッダー/フッターツール] - [デザイン] タブの [ヘッダー/フッター要素] グループで [図] をクリックする (❶)

● 画像ファイルの保存場所を選ぶ

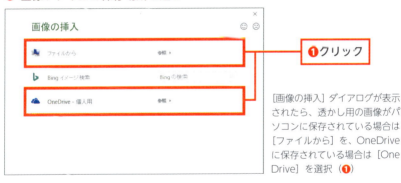

[画像の挿入] ダイアログが表示されたら、透かし用の画像がパソコンに保存されている場合は [ファイルから] を、OneDriveに保存されている場合は [OneDrive] を選択 (❶)

● 透かし画像のファイルを選択する

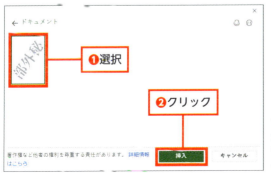

ファイルの選択画面が表示されたら、透かし用の画像を選択して (❶)、[挿入] をクリックする (❷)

● ヘッダーの編集を終了する

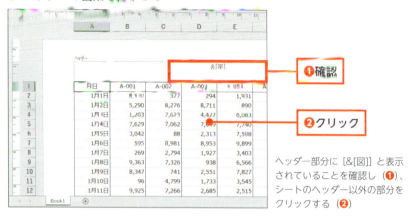

ヘッダー部分に［&[図]］と表示されていることを確認し（❶）、シートのヘッダー以外の部分をクリックする（❷）

● 画像の表示を確認する

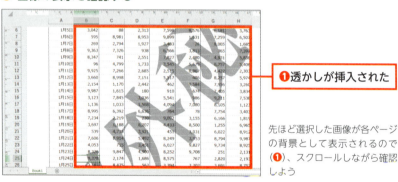

❶透かしが挿入された

先ほど選択した画像が各ページの背景として表示されるので（❶）、スクロールしながら確認しよう

POINT

ヘッダーに配置した透かし画像が表示されるのは、［表示］が［ページレイアウト］になっているときだけです。［標準］や［改ページプレビュー］では表示されないので、シートの内容を編集するときに邪魔になることはありません。

ATTENTION

［ページレイアウト］タブの［ページ設定］グループで［背景］でも、透かし画像を配置することが可能です。しかし、画像サイズに応じた反復表示になるため、仕上がりのイメージがヘッダーとは異なり、1ページあたり1画像になるとは限りません。また、この方法で入れた透かしは、標準ビューや改ページプレビューでも常に表示された状態になります。

5-11 小さい表を用紙の中央に印刷したい

時短05分

縦横のサイズが小さい表を印刷すると、用紙の左上のほうに配置され、余白が大きすぎて見栄えが悪いことがあります。そこで、用紙の中央にバランスよく配置して印刷してみましょう。

ページ設定で中央に配置して印刷する

　印刷するときに余白が大きすぎる場合の解決策として覚えておきたいのが、**表を用紙の中央に配置して印刷する方法**です。この設定は、[ページ設定] ダイアログの [余白] タブで行います。水平、垂直のどちらかだけを中央にすることもできるので、表のサイズに合わせて設定しましょう。

● 縦と横の位置を中央に設定する

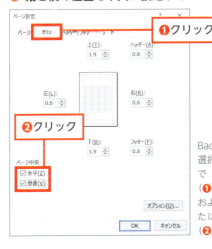

Backstageビューで [印刷] を選択。[ページ設定] ダイアログで [余白] タブをクリックし（❶）、[ページ中央] の [水平] および [垂直] のいずれか、または両方にチェックを付ける（❷）

5-12 通常は印刷できないものも印刷したい

時短05分

エクセルでは、画面に表示されている要素がすべて印刷されるわけではありません。たとえば、セルに付けたコメントなどは通常は無視して印刷されます。このような要素も含めて印刷したい場合は、事前に設定を変更しておきましょう。

🕐 ページ設定で印刷したい項目を指定する

シート内に表示されている要素のいくつかは、印刷時に含めるかどうかを自由に選択できます。たとえば、セルのコメントに重要な情報が書いてある場合は、印刷しておくと便利でしょう。また、印刷時だけ各セルに枠線を付ける機能もあります。「罫線なしで表を作りたいが、印刷するとセルの区切りがわかりづらくて困る」というときに利用するとよいでしょう。そのほか、行列番号を印刷することもできます。

逆に、通常は印刷される要素を省略することも可能です。たとえばセルのエラーを隠して印刷したい場合は、空白セルにしたり、「#N/A」などに置き換えて印刷したりできます。

● ［シート］タブで［印刷］オプションを選択

Backstageビューで印刷を実行し、［ページ設定］ダイアログで［シート］タブをクリックして（❶）、［印刷］にある各項目を設定する。各セルを枠線で囲みたい場合は［枠線］にチェックを付ける（❷）。［コメント］および［セルのエラー］は、使いたい設定を選択しよう（❸）

● プレビューで印刷イメージを確認

Backstageビューの［印刷］画面に戻ったら、右側のプレビュー表示で枠線（❶）やエラーの表示（❷）を確認しておこう。Macでは［ファイル］メニューで［プリント］を選択するとプレビューを確認できる

● シート末尾のコメントは別紙に

［コメント］で［シートの末尾］を選択した場合は、コメントを付けたシートの次のページ（用紙）にコメントがまとめて印刷される（❶）

5-13 複数のシートを一度に印刷するには

時短10分

印刷したいシートがブック内に複数ある場合、1つずつ分けて印刷の操作をするのは手間がかかります。一度にまとめて印刷し、無駄な労力を省きましょう。

印刷時の設定画面で範囲を指定する

エクセルで印刷を実行すると、標準の設定では作業中のシートだけが印刷されます。しかし、**印刷したいシートを選択してから印刷すると、必要な複数のシートを一度に印刷できます。**

● 複数のシートを選択してから印刷する

印刷したいシートを Ctrl キーを押しながらクリックして選択する（❶）。あとは、通常どおり印刷を実行すれば、選択したシートをまとめて印刷できる

● 全シートを印刷する

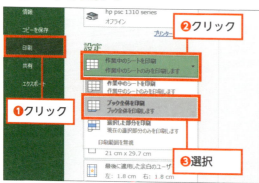

Backstageビューで左側の［印刷］をクリックして（❶）、［設定］にある［作業中のシートを印刷］の部分をクリックし（❷）、表示されたメニューで［ブック全体を印刷］を選択する（❸）

第 6 章

さまざまな時短技で作業時間を一気に短縮

本章で解説している内容は、業務を進めるうえで必須ではありません。知らなくても何とかなります。しかし、本章は決して付け足しではなく、一部の人にしか関係ない話でもありません。時短という目標に到達するには、決して避けては通れないテーマを扱っています。初心者には若干難しく感じる部分もあるかもしれませんが、ぜひとも最後まで目を通してください。また、ここで紹介したテーマには、複数の解決方法が存在することもありますが、本書ではもっとも時短につながりやすい手順を紹介しています。

エクセルに限りませんが、1つの目標に対して1つの到達手段しか思いつかないようでは、常に最適な"戦略"を採用できるとは限りません。複数の手段を比較し、その場面に応じたものを採用する柔軟性と的確な判断力を、エクセルを使った業務の中で培っていくことを目指してください。

6-01 ショートカットキーを覚えてはいけない！

時短05分

「そんなわけない！ ショートカットキーを覚えるのが時短への近道に決まってる」と思う人も多いでしょう。ショートカットキーの効用そのものを否定するわけではありませんし、本書でもここまでショートカットキーを何度も紹介してきました。では、なぜ覚えてはいけないのか、ここで説明します。

ショートカットキーの表から覚えるのは非効率

　エクセルの操作方法について解説している本やWebページなどには、「ショートカットキーをマスターしよう」と書いてあるものがたくさんあります。ショートカットキーを使えば、リボンやメニュー、右クリックメニューから実行する機能を簡単なキー操作で済ませられます。だから、「ショートカットキーさえ覚えれば、仕事は早く終わる」とまで言う人も出てくるわけです。もちろん、Ctrl+C（コピー）やCtrl+V（ペースト）といった超基本的なショートカットキーを知らないのではお話になりません。Ctrl+Page Up（左のシートに移動）やCtrl+Shift+Home（アクティブセルから表の先頭までを選択する）といったショートカットキーも知っておくと非常に便利です。

　しかし、ショートカットキーの表を見て、そこから覚えようとするのは愚の骨頂です。表をぱっと見て覚えられれば問題ないのですが、表を見て、何度もやってみて、忘れたらまた繰り返して覚える……と受験勉強のようにショートカットキーを覚えていては時短にはつながりません。

　では、どうすればいいのでしょうか。日常の業務の中でマウスで頻繁に行う作業、面倒だと思う操作がありませんか。それを実現するショートカットキーを探すのです。見つかれば、それを作業の中で置き換えていきます。もし万一、「ショートカットキーを覚えるほうが難しい」「この場面でショートカットキーを思い出しているほうが時間がかかってしまう」となれば、ショートカットキーを使わないほうがかえって時短につながります。

01 ショートカットキーを覚えてはいけない！

ショートカットキーを使う目的は時短であって、ショートカットキーを覚えることそのものではありません。「ショートカットキーなら、こんなこともできるんだよ」と同僚に見せつければ、鼻高々で"ドヤ顔"はできますが、業務の効率アップとは本質的に関係ありません。トータルで時短を実現することを考えましょう。

● リボンのメニューからショートカットキーを知る（Windows）

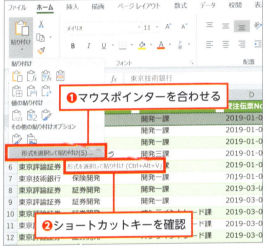

Windowsでは実現したい機能にマウスポインターを合わせる（❶）。すると、ツールチップが表示されて、ショートカットキーが表示される（❷）

● メニューでショートカットキーを確認する（Mac）

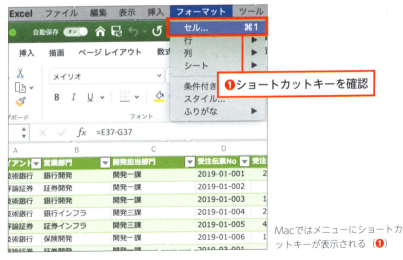

Macではメニューにショートカットキーが表示される（❶）

187

ショートカットキーとマウスを中途半端に組み合わせるのも、あまり効率のいい方法とはいえません。たとえば、Ctrl + 1 キーで［セルの書式設定］ダイアログを呼び出したあとは、Tab キーで項目間を移動してカーソルキーやスペースキー、Enter キーで設定するのがおすすめです。また、メニューの下に下線が引いてある場合は、Alt キーとの組み合わせでその項目のオン／オフが切り替えられます。ただ、Alt キーとほかのキーとの組み合わせが押しづらいと感じるなら、無理に利用すべきものでもないでしょう。

● Altキーと英字を組み合わせる

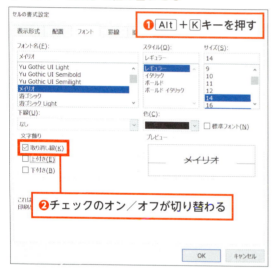

❶ Alt + K キーを押す

❷ チェックのオン／オフが切り替わる

たとえば、［セルの書式設定］ダイアログの［フォント］タブを表示しているとき、Alt + K キーを押すと（❶）、［取り消し線］のチェックのオン／オフが切り替わる（❷）

もう1つ注意しなければならないのは、「ショートカットキー至上主義」に陥らないことです。

以前、セミナーなどでショートカットキーを強力に勧める人に会ったことがあります。目にも留まらぬ速さでキーボードを操作するのですが、操作ミスがかなり多く、操作全体の1/3くらいは誤った操作でした。見た目は派手なのですが、実際はそれほど速くない印象を受けました。

ショートカットキーに限らず、キー操作を高速に行うと、なんだかスゴそうにみえますが、それだけでは本来目指すべき時短につながるとは限りません。どうすれば、作業全体が正確に早く終わるのか、いろいろ考え、そして試してみること。それ以外に、根本的な解決方法はありません。

6-02 好きなキーでショートカットを実行する

時短20分

ショートカットキーを覚えれば便利なのはわかっていても、複数のキーの組み合わせをいくつも覚えるのはなかなか大変です。どうすれば、もっと楽にショートカットキーを使いこなせるようになるでしょうか。

キー割り当て変更アプリを使う

　エクセルのショートカットキーは非常にたくさん用意されており、全部を正確に覚えることは難しいでしょう。うろ覚えで思い出すのに時間がかかったり、誤って操作してやり直していたりしていると、時短になりません。かえって時間がかかってしまいます。

　そんなときは、**よく利用するショートカットキーで覚えにくいもの、あるいは押しにくい組み合わせをキーボードの使用頻度の低いキーに割り当てるという手があります**。たとえば、Ctrl + Shift + 3 キーの代わりに、Print Screen キーを押せばいいように設定するのです。もしスクリーンショットを Print Screen キーで取得しているなら、Pause や SCROLL LOCK キーでもいいでしょう。

　これはOSそのものの機能では実現できないので、アプリを導入します。Windowsでは、「AutoHotKey」を使うと柔軟に設定ができます。まず「AutoHotKey」を作者のWebサイト（http://autohotkey.com/）よりダウンロードし、インストールしておきます。

● スクリプトファイルを作成する

デスクトップの何もない場所を右クリックして（❶）、［新規作成］→［AutoHotKey Script］を選択する（❷）

● スクリプトファイルを編集する

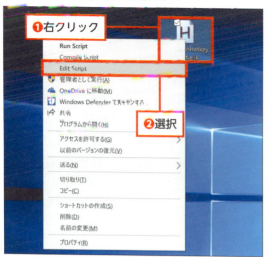

作成できたファイルを右クリックして（❶）、[Edit Script] を選択する（❷）

● スクリプトを入力する

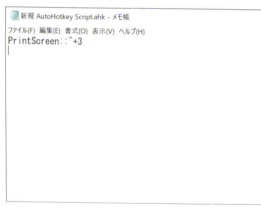

スクリプトを入力する。ここではシリアル値を年月日に変換する Ctrl + Shift + 3 キーを Print Screen キーで代用するため、図のスクリプトを入力して保存する。入力できたら、再度スクリプトのファイルを右クリックして [Run Script] を選択する

　これで、エクセルでシリアル値の入ったセルを選択した状態で Print Screen キーを押すと、年月日に書式が変更されます。

　Macでは、有料ですが、「BetterTouchTool」が便利です。作者のサイト（https://folivora.ai/）からダウンロードし、インストールしておきます。

好きなキーでショートカットを実行する　02

● キー設定を追加する

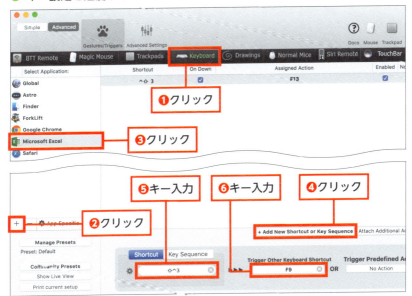

『BetterTouchTool』の設定画面を表示し、まず［Keyboard］タブをクリック（❶）。左下の［＋］をクリックして（❷）エクセルを操作対象に追加する。次に［Select Application］で［Excel］を選択し（❸）、［Add New～］をクリックして（❹）、歯車アイコンの右の入力エリアをクリックしたあと、エクセルに入力したいショートカットキーを押す（❺）。［Trigger Other～］の下の入力エリアをクリックして、操作を割り当てたいキーを押す（❻）

これで、F9キーを押すと、シリアル値が年月日に変換できます。

COLUMN ショートカットキーのCtrlや⌘が押しづらい！

WindowsのショートカットキーではCtrlキーをよく使いますが、Ctrlキーはキーボード手前の左隅（または隅に近い場所）にあり、押しづらいと感じる人も多いでしょう。そんなときは、ここで紹介した「AutoHotKey」でスクリプトファイルに「Capslock::Ctrl■sc03a::Ctrl」（■は改行）と入力して実行すると、CapsLockキーがCtrlキーのように使えます。

Macのショートカットキーは⌘キーとの組み合わせが多くなりますが、キーを見ずに、⌘キーを親指で押しながらCキーやVキーを押しわけるのは、Mac歴が10年を超える筆者でもちょっと面倒さを感じます。そうかといって、ctrlキーと場所を取り換えては影響が大きすぎます。特定のキーの組み合わせのみ、ここで紹介した「BetterTouchTool」でほかのキーに割り当てるといいでしょう。ちなみに、筆者は多機能マウスのあまり使わないボタンに割り当てています。

6-03 ショートカットキーが存在しないならショートカットキーを作る

時短40分

よく使う機能なのに、なぜかショートカットキーが割り当てられていない場合は、自分でショートカットキーを作ってしまいましょう。

マクロを作ってショートカットキーを割り当てる

　特定の機能にショートカットキーを割り当てるかどうかは、そのアプリの開発者が決めることです。ショートカットキーをカスタマイズできるアプリもありますが、エクセル単体ではそれほど自由にカスタマイズできません。

　そのため、「私はこの機能をよく使うんだけど、ショートカットキーがない」とか「今だけだが、この作業にショートカットキーがほしい」ということがあるでしょう。Windows版のエクセルでは、[Alt]キーから始まるアクセスキーが割り当てられている場合もありますが、アクセスキーではキー操作の回数が増えてしまい、あまり便利ではないことも少なくありません。

　==ショートカットキーが用意されていない機能をショートカットキーで使いたいときは、マクロ（注）を作成してショートカットキーを割り当てると便利です==。ただし、この機能で利用できるショートカットキーは、[Ctrl]キー、[Shift]キーと英字のみです（Macでは[⌘]キー、[option]キーと英字）。[Alt]キー、Windowsキー、数字・記号キーとの組み合わせはできません。

● オプションを開く

❶クリック

Backstageビューで画面左下にある[オプション]をクリックする（❶）。Macでは、[Excel]メニュー→[環境設定]の順にクリックする

（注）プログラミング言語のVBAを使って、キー操作を再現したり、エクセルの高度な機能を実現する仕組み

ショートカットキーが存在しないならショートカットキーを作る 03

●[開発]タブを表示する

[Excelのオプション]ダイアログで[リボンのユーザー設定]をクリック(❶)。[メインタブ]の[開発]にチェックをつけて(❷)、ダイアログを閉じる

●[マクロの記録]を開始する

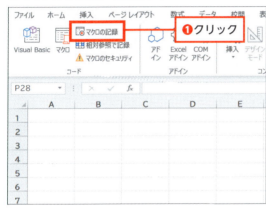

リボンに[開発]タブが追加されている。[開発]タブの[コード]グループで[マクロの記録]をクリックする(❶)

●マクロの保存先を選択する

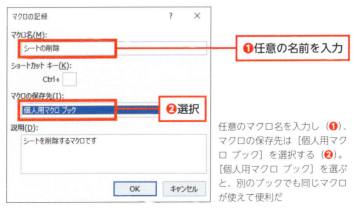

任意のマクロ名を入力し(❶)、マクロの保存先は[個人用マクロ ブック]を選択する(❷)。[個人用マクロ ブック]を選ぶと、別のブックでも同じマクロが使えて便利だ

● ショートカットで割り当てたい機能を実行する

マクロの記録が始まる。ここでは「シートの削除」を行うので、任意のシートを右クリックし（❶）、[削除]をクリックする（❷）

● マクロのソースコードを調整する

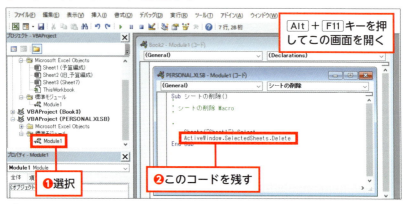

ブックのウィンドウを選択した状態で、[Alt]+[F11]キー（Macでは[option]+[F11]）を押す。すると、上のようなVBAエディターが開く。[VBAProject（PERSONAL.XLSB）]の[標準モジュール]にある[Module 1]をクリックし（❶）、「シートの選択や右クリックの操作を行っているコード」を削除し、根幹の機能の記述のみにする（❷）。図では「ActiveWindow.SelectedSheets.Delete」がシートの削除する機能の根幹なので、上の行の「Sheets("Sheet").Select」を削除している。なお、SubとEnd Subが書かれている行を削除してはいけない

● マクロのオプションを開く

[開発]タブの[コード]グループで[マクロ]をクリックして[マクロ]ダイアログを開き、[オプション]をクリックする（❶）

ショートカットキーが存在しないならショートカットキーを作る　03

● **ショートカットキーを設定する**

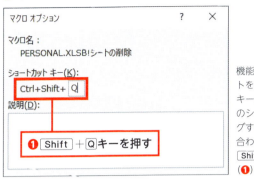

機能を割り当てるショートカットを設定する。Ctrlキーと英字キーの組み合わせだと標準機能のショートカットとバッティングするので、Shiftキーを組み合わせるとよい。図ではCtrl＋Shift＋Qキーを選択している（❶）

● **ショートカットを使ってみる**

削除したいシートが選択されている状態で、設定したショートカットキー Ctrl ＋ Shift ＋ Q キーを押し、削除できるか確認しよう

POINT

Windowsでは、Altキーを押すと、リボンに黒地白抜きの英数字が表示されます。これを順番に押していくと、リボンのアイコンをクリックしなくても、それと同じ結果が得られます。これを「アクセスキー」といいます。ショートカットキーに似ているのですが、同時に押す必要はなく、たとえば Alt → H → A → C の順番で押していくと、アクティブセルに中央揃えが適用できます。

COLUMN
Macは柔軟にカスタマイズできる

Mac版エクセルは、Windows版よりもかなり柔軟なカスタマイズが可能です。［ツール］メニュー→［ショートカットキーのユーザー設定］を選択すると、［ショートカットキーの割り当て］ダイアログが表示されます。ここで新しいショートカットキーを設定できます。

6-04 たくさんシートの入ったブックで右端のシートに移動したい

ブックの中にシートがたくさん含まれると、切り替えが面倒になってきます。シートをバラバラにする以外に切り替えを簡単にする方法はないでしょうか。

🕐 マクロで右端のシートを選択できるようにする

　多くのシートを含むブックで右端のシートに移動したいときは、どうすればいちばん速いでしょうか。もっとも時間がかかるのが、マウスでシートのタブをクリックする方法でしょう。タブが見えていればいいのですが、スクロールしないと目的のシートのタブが表示されない場合、ウィンドウ左下の矢印アイコンを何度もクリックしなければならず、かなり面倒です。

　ショートカットキーならかなり簡単です。Ctrl + PageDown キーを何度も押せば、そのたびに右のシートに切り替わります。しかし、これもシートの数が増えると時間がかかります。

　解決方法は2つあります。1つは、P216で紹介するように、目的のシートへのリンクを張ることです。この方法はわかりやすく、間違いにくいのでおすすめできますが、リンクを配置したシートを表示するという手間が必要になります。

　ここで紹介したいのは、**目的のシートを選択する操作をマクロに記録し、ショートカットに割り当てる**方法です。ブックの種類がマクロ入り（xlsm形式）になってしまいますが、現在どのシートを表示しているかに関係なく、特定のショートカットキーで目的のシートを一発で表示できます。

● いつも同じシートを開く必要がある場合の例

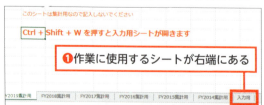

図のように作業用のシートが右端にあると（❶）、Ctrl + PageDown キーを何度も押す必要がある。効率化を図るため、ここではショートカットキーを一度押すだけで目的のシートが開くようにマクロを作成する

たくさんシートの入ったブックで右端のシートに移動したい　04

● マクロの記録を開く

[開発]タブの[コード]グループで[マクロの記録]をクリック（❶）。[マクロの記録]ダイアログが開くので、マクロ名、割り当てるショートカットキーを設定し、マクロの保存先を[作業中のブック]に設定する（❷）

● シートを開く動作をマクロに記録する

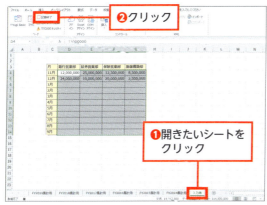

ショートカットで開きたい目的のシートをクリック（❶）し、[開発]タブの[コード]グループで[記録終了]をクリック（❷）

● xlsm形式で保存する

マクロが記録されているので、ブックを保存するときにはxlsm形式で保存する必要がある。Backstageビューで[名前を付けて保存]をクリックし、[名前を付けて保存]ダイアログが表示されたら、[ファイルの種類]で[Excelマクロ有効ブック]を選択して（❶）保存する

6-05 ショートカットキーでは便利にならない機能はどうする？

時短20分

リボンはわかりやすく機能をまとめてありますが、深い階層にある機能を呼び出したいときは面倒です。ショートカットキーも用意されていないなら、いちばん目立つ場所にその機能を表示してしまいましょう。

クイックアクセスツールバーに登録する

　リボンを何回もクリックしないと実行できない機能を簡単に実行したいときは、その機能をクイックアクセスツールバーに登録すると便利です。クイックアクセスツールバーは、通常ウィンドウ最上部のタイトルバー左に表示されているため、探す必要がありません。さまざまな機能を登録することができるので、ここをカスタマイズするのが時短への早道になるでしょう。さらに、クイックアクセスツールバーに登録した機能にはアクセスキーが使えます。なお、この機能はMac版エクセルには搭載されていません。

● クイックアクセスツールバーに機能を追加する

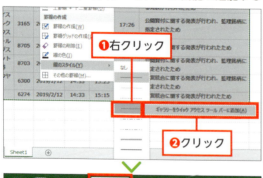

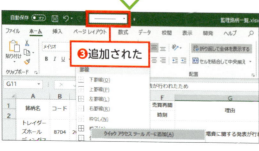

クイックアクセスツールバーに追加したい機能を右クリックし（❶）、[クイックアクセスツールバーに追加]をクリックする。ここではマウス操作のほうがやりやすい罫線の挿入を例にしている。選択肢がいくつかある場合は、[ギャラリーをクイックアクセスツールバーに追加]と表示されるのでそれをクリックすれば（❷）、クイックアクセスツールバーに機能が追加される（❸）

6-06 複数の表を1つにまとめる作業をもっと効率よくするには

時短20分

同じ取引先に対して、別々の部門からの売り上げの表が送られてきたとき、1つの表にまとめるにはどうしたらよいでしょうか。実は、なかなかの難問なのです。

表の結合機能を利用する

　複数の表を1つにまとめるのは、エクセルでの面倒な作業のワースト1に挙げられるかもしれません。元の表のあるシートを表示して値をコピーし、新たに表を作りたいシートに切り替えてペーストする、という作業を何十回も繰り返すのは苦行としか言いようがないでしょう。同じシートに2つの表をコピーしても、目でコピー先を確認しながらの作業は辛いものです。

　そんなときは、表の結合機能を試してみましょう。行見出しと列見出しが基本的に同じ内容であれば、1つの表にまとめることができます。

● 集計用シートを作成して表を結合する

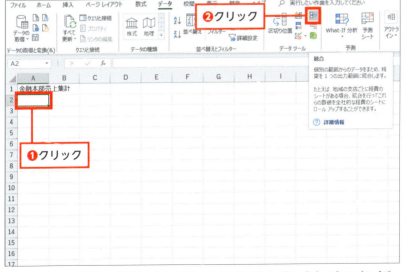

集計用のシートを追加し、集計表の左上の部分となるセルを選択（❶）。［データ］タブの［データツール］グループで［結合］をクリックする（❷）

● 結合する表を選択して対象に追加する

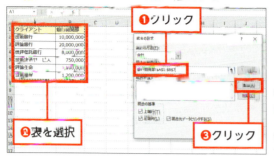

[統合の設定]ダイアログが開くので、[統合元範囲]をクリックし（❶）、結合する表を選択する（❷）。このとき、表の見出しも併せて選択する。[追加]をクリックし（❸）、結合対象に加える

● すべての表を選択して結合を実行する

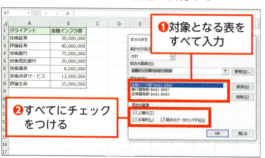

図のように結合したい表をすべて入力（❶）。入力が終わったら[結合の基準]の[上端行][左端列][統合元データとリンクする]の全部にチェックをつける（❷）

● 結合された表を確認する

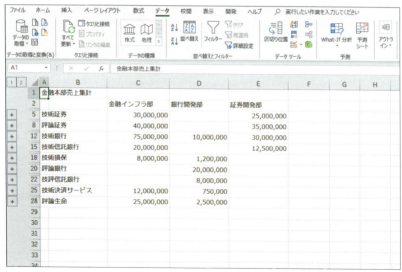

選択した表が結合されている。値が参照設定されているので、結合元の値を変更すると自動反映してくれる。元の表にない項目の値は、空白で表示される

1つのブックを複数の人で同時に編集できない？

エクセルでは、1つのブックを複数の人で同時に編集することは基本的にできません。「Googleスプレッドシート」などのサービスを利用すれば可能ですが、エクセルでなんとかする方法はないのでしょうか。

OneDriveに保存して共有する

　エクセルのブックをメールに添付して送付し、受け取った人は必要な修正を施して返送、さらに受け取った人が修正して返送……というワークフローが多くの企業で行われています。筆者はこのワークフローを「Excelピンポン」と呼んでいます。ブックを編集しては、メールで送信する様子が卓球を思わせるからですが、この「Excelピンポン」は実は大変非効率的なワークフローなのです。

　その理由はいくつかあります。まず、1つのブックを同時に編集できないことが挙げられます。エクセルはそもそもファイルをパソコン上で編集するので、共同作業にはそもそも向いていません。また、編集したブックは、メール添付などの方法で送ることになりますが、何度もメールを書いてブックを添付しなければなりません。

　さらに、もっと深刻なのはバージョンの問題です。同じファイル名のブックをやりとりしていると、古いブックで新しいブックを上書きするという事故が起こりがちです。ファイル名を変更すれば、その手の事故は防げますが、関係者全員が一定のルールで命名していない限り、今度はどちらが新しいのかわからなくなる危険があります。

　このように、「Excelピンポン」には原理的に解決できない問題があります。これを解決する方法の1つがOneDriveによる共有です。**OneDriveのフォルダーにブックを保存して共有設定を行えば、ブラウザーでブックを編集することができるようになります**。編集結果は、数十秒程度で反映されます。これなら、同時に複数の人が同じブックを編集できます。

　共有設定を行うには、相手のメールアドレス宛にリンクを送ります。

● OneDriveにアップロードして共有する

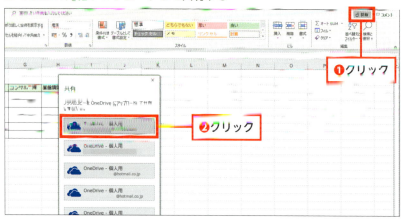

画面右上にある「共有」をクリックする（❶）。OneDriveのログイン画面が表示されたら、メールアドレスとパスワードを入力してログインする。図のようにアップロード先のアカウント選択のダイアログが表示されるので、利用するアカウントをクリックする（❷）。

● 共有相手のメールアドレスを入力する

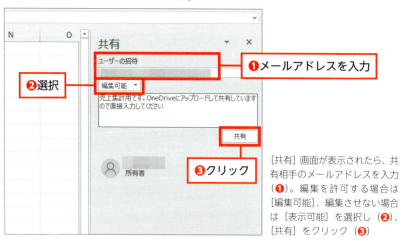

［共有］画面が表示されたら、共有相手のメールアドレスを入力（❶）。編集を許可する場合は［編集可能］、編集させない場合は［表示可能］を選択し（❷）、［共有］をクリック（❸）

POINT

　メールではなく、LINEなどのチャットアプリでブックを共有したい場合は、リンクを取得します。メールアドレスの入力画面で、最下部にある［共有リンクの取得］をクリックし、編集を許可するかどうかを選んで［コピー］をクリックします。あとは、リンクをLINEなどで相手に送れば共有できます。

6-08 ひな形を上書き編集してしまう人がいて困っている

時短10分

「ひな形は各自コピーしてから編集してください」と何度伝えても、ファイルサーバー上のブックを編集してしまう事故が起こるなら、いい方法があります。

テンプレート形式で保存しておく

　ファイルサーバーの共有フォルダーに経費精算や各種申請用のテンプレートを保存しておき、各自が自分のパソコンにコピーしてから編集して印刷・提出するケースは少なくないでしょう。テンプレートが更新されたときにも、1つのブックだけを更新すればよいので、各自が手元にコピーを保存しておくより優れたやり方です。

　ただし、この方法には困った問題があります。それは、ファイルサーバーに保存しているテンプレートのブックをダブルクリックして編集してしまう人が出てきた場合、テンプレートが簡単に壊れてしまうことです。

　この問題を防ぐには、**ファイルサーバーに保存するブックの形式をテンプレート形式（拡張子は「.xlst」）としておきましょう**。テンプレート形式のブックは、編集後に上書き保存しようとすると、必ず［名前をつけて保存］ダイアログが表示され、ファイル名を入力するように促されます。また、通常のExcelブック形式（拡張子は「.xlsx」）になり、テンプレートのブックとは別のブックとして保存されます。

● ひな形を作成してテンプレート形式で保存

❶［Excelテンプレート］を選択

利用者に配布するためのひな形を作成して、Backstageビューで［名前をつけて保存］をクリック。共有フォルダーに保存するときに［Excelテンプレート］を選択する（❶）

6-09 表に必要な要素はテーブルですべて揃う

時短20分

1行が1データで構成される表を作成して、必要なデータのみ抽出したり、金額の集計をしたりしているなら、テーブルを使わない手はありません。通常の表に比べると、いろいろなメリットがあるのです。

データ操作に必要な機能がすぐに使える

　テーブルとは、表を1つのかたまりとして扱うための仕組みです。**表をテーブルに変換すれば、ソートやフィルター、集計といった、頻繁に利用する操作が簡単にできるようになります**。これらを別々に使えるように設定すると、かなり手間がかかりますが、テーブルなら一瞬です。リスト形式のデータを扱うなら、設定しないと損だといってもいいくらいです。

　表をテーブルに変換すると、自動的にフィルターが設定され、背景色などのデザインを設定できます。この背景色は通常の表とは異なり、たとえば1行おきに背景色が設定されたデザインを選択すると、途中に1行追加しても手動で設定を変更することなく、1行おきの背景色になります。また、最下行にデータを入力すると、テーブルの範囲が自動的に拡張されます。

　さらに、気づきにくい特徴ですが、テーブルには名前が付けられます。VLOOKUP関数など、表全体を引数として要求する関数を使うときに便利です。では、テーブルを設定してみましょう。

● 表をテーブルに変換する

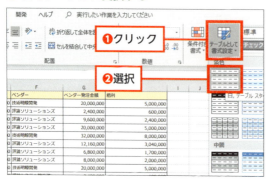

表のセルを選択して、[ホーム]タブの[スタイル]グループで[テーブルとして書式設定]をクリックし（❶）、表示されたスタイルの一覧から適用したいスタイルを選択する（❷）

● テーブルに変換する範囲を確認する

❶確認

［テーブルとして初期設定］ダイアログが表示されるので、表の範囲が正しく選択されていることを確認する（❶）

ATTENTION

テーブルは「簡単に表に背景色を設定するための機能」として紹介されることがあります。確かに、簡単な操作で1行おきに背景色を設定できますが、それはテーブルの本質ではありません。フィルターや集計など、もっと便利な機能にも注目するようにしてください。

COLUMN オートフィルのショートカットキーはない？

エクセルを毎日使っていると、「この機能にショートカットキーが割り当てられてないのは変じゃない？」と思うことも出てくるでしょう。筆者は、その筆頭がオートフィルだと思っています。フィルハンドルという小さなパーツにマウスポインターを合わせてダブルクリックやドラッグをしなければならず、かなり面倒です。リボンにアイコンがあるのでアクセスキーも使えますが、キーボードだけでやるなら、あらかじめオートフィルで値を入力したいセルを選択してから Alt → H → F → I → S → Alt + F → Enter という操作が必要で、これでは時短になりません。マクロで記録してショートカットキーを割り当てられればいいのですが、単純にマウス操作を記録するだけではマクロとしては使えません。場面ごとに適切な方法を探るしかないようです。

複数の基準でデータを並べ替えるには

エクセルでデータの並べ替えを行う方法は、いくつかあります。すでに紹介したテーブルを使う方法がいちばん便利ですが、フィルター機能でもできるし、ここで紹介する、そのものズバリの名前を持つ［並べ替え］も使えます。

［並べ替え］機能をうまく使いこなす

　並べ替えを行うことができる機能のうち、テーブルやフィルター機能は1つの列の値によって並べ替えを行います。**複数の列の値を参照して並べ替えたいときは、［並べ替え］機能を利用すると便利です。**

　［データ］タブの［並べ替え］機能を使ってデータを並べ替える場合、並べ替えを行う列の優先順位の付け方によって、まったく異なるデータの並びになってしまいます。優先順位とは、たとえば「X列を大きい順に並べ、さらにY列を昇順に並べ、さらにZ列を降順に並べる」という条件を考えたとき、X列を最優先にし、次いでY列、Z列を優先するという意味です。

● 並べ替えを実行する

並べ替えを行いたい表を選択し（❶）、［データ］タブの［並べ替えとフィルター］グループで［並べ替え］をクリック（❷）

● 並べ替えの基準を入力する

[並べ替え] ダイアログが表示される。まず最優先に並び替える項目とキー、順序を入力したら、[レベルの追加] をクリック（❶）。並べ替えの基準が1行追加されるので、対象とする項目とキー、順序を入力する（❷）。基準の数だけこの操作を繰り返す。ここでは3種類のキー項目を、年齢は大きい順、社員番号は昇順、姓名も昇順（五十音順）に設定した（❸）。

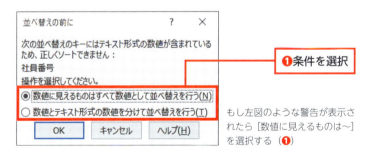

もし左図のような警告が表示されたら [数値に見えるものは〜] を選択する（❶）

6-11 特定の条件にあった データのみ表示したい

時短20分

表の中のデータが多いと、条件に一致するデータを見つけるのはなかなか大変です。目的のデータだけを表示したいときは、「フィルター」機能を使いましょう。

「フィルター」機能を利用する

大きな表で条件に一致したデータを探したいとき、まず思いつくのが検索機能でしょう。見つけてデータを確認して、ヒットしたデータが1つしかなく、それを確認して作業が終わりなら検索機能を使うのが一番いいでしょう。しかし、**いくつものデータがヒットし、それに別の操作をしなければならない場合は、フィルター機能を使うのが便利でしょう。**

テーブルを設定した表でフィルターを利用するなら、見出しの行の［▼］をクリックして表示したいデータのみチェックを付ければ、必要な行のみ表示されます。

一方、データの問題でテーブルが利用できないときは、［データ］タブの［フィルター］からフィルターを設定します。利用できる機能は、テーブルでのフィルター機能とほぼ同じです。

● フィルターをかける表を選択する

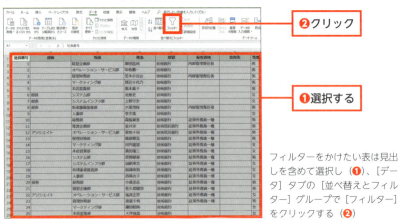

フィルターをかけたい表は見出しを含めて選択し（❶）、［データ］タブの［並べ替えとフィルター］グループで［フィルター］をクリックする（❷）

特定の条件にあったデータのみ表示したい

● 表示したいデータのみに絞り込む

フィルターを適用すると列見出しの項目の右端に［▼］が表示される。その［▼］をクリックし（❶）、表示したいデータの項目のみにチェックをつける（❷）

● 選択したデータのみが表示される

フィルターの項目で選択したデータのみが表示された（❶）。データは複数の列で絞り込むことができ、絞り込みを行っている列にはフィルターの記号が表示される（❷）。また、フィルターを適用している間は行番号は青く表示される（❸）

ATTENTION

表中に空のセルが多く存在しているなどで、表の最下部までデータが選択されない場合や、列が正しく選択されない場合があります。事故を防ぐために、フィルターをかける表をすべて選択してから［フィルター］機能を使うようにしましょう。

抽出したデータのみを対象にして計算するには

フィルターで絞り込んだデータの数値を集計したいとき、通常の表で計算しようと思うと、SUM関数ではなく、SUBTOTAL関数またはAGGREGATE関数を使う必要があります。テーブルならそれらの関数を入力する必要はなく、簡単に入力することが可能です。

テーブルなら簡単にできる

まず前提として、SUM関数の特性を知っておく必要があります。SUM関数は、行や列が非表示になっていても、お構いなしに計算対象に含めます。フィルターで絞り込むか、単純に非表示にするかを問わず、常に計算対象となるのです。

もしフィルターで絞り込んだときは、表示されている数値のみ計算してほしいなら、SUMの代わりにSUBTOTAL関数かAGGREGATE関数を使わねばなりません。次にそれぞれの関数の書式を見ておきましょう。

=SUBTOTAL(集計方法, 集計範囲)

=AGGREGATE(集計方法, オプション, 集計範囲)

いずれの関数も「集計方法」は、対象の値に対してどのような計算を行うのかを指定します。「集計範囲」は計算の対象をセル範囲で指定します。AGGREGATE関数の引数「オプション」は、非表示の値やエラー値を無視するかなどを設定します。

どちらを使えばよいかですが、もっとも大きな違いはSUBTOTAL関数がエラー値を無視できず、集計範囲にエラー値があると、エラーを返してしまうのに対し、AGGREGATE関数では無視できます。エラー値が表示されても問題ないケースではどちらでもかまいませんが、エラー値の非表示の処理が必要な場合は、AGGREGATE関数を使うのがおすすめです。

抽出したデータのみを対象にして計算するには

POINT

SUBTOTAL関数には1つの計算方法に2種類の引数を取ることができますが、片方は非表示の値も計算に入れ、もう片方は非表示の値は計算から除外します。たとえば、「9」と「109」は両方とも合計を求めますが、前者は手動で非表示にした値を含め、後者は除外します。

ここまで、**集計に使用する関数のことを説明しましたが、実際には詳しく知っていなくても、テーブルを使っていれば集計できてしまいます**。エラー値がテーブルに入ってこなければ、テーブルの集計機能に頼っても大丈夫でしょう。

● 集計行を表示する

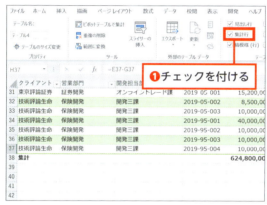

テーブルの中のセルを選択した状態で、[テーブルツール]-[デザイン] タブの [テーブルスタイルのオプション] グループで [集計行] にチェックを付ける (❶)。すると、テーブルの最下行に集計行が表示される

● 集計方法を選択する

集計行で集計しているセルを選択すると [▼] が表示される (❶)。これをクリックして集計方法を選択する (❷)。数式バーを確認すると、SUBTOTAL関数を使っていることがわかる (❸)

6-13 作成者の個人情報を削除したい

時短05分

不特定多数にファイルを配布する場合には、個人情報を削除しておかないと、予想外の問い合わせを受けたり不要なクレームを受ける羽目になったりすることがあります。そんな事態をさけるため、ブックの個人情報を削除する方法を紹介します。

［ドキュメントの検査］またはブックのプロパティから削除

　取引先に提出する文書など社外に出すものからは、特に必要のない限り、作成者の名前など個人情報は削除しておくべきでしょう。エクセルのブックには、作成者、会社名、タイトルなどの情報が記録されます。特に、作成者と会社名は、エクセルに記録されている情報がそのままブックにも記録されます。社内文書のように、誰が作ったかを記録しておくべきなら、情報は削除すべきではありません。しかし、ネットで公開するような性質の文書では、作成者の情報を残しておくべきではありません。

　ブックに記録されている作成者の情報を削除するには、［ドキュメントの検査］を使う方法と、ブックのプロパティから削除する方法の2つがあります。どちらの方法でも、同じ場所に保存されている個人情報を削除できます。当然ながら、一度削除すると元には戻せません。

● ドキュメントの検査から削除する

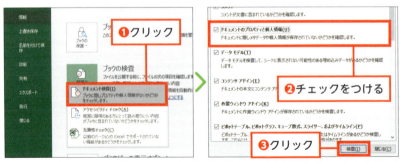

Backstageビューで［ホーム］をクリックし［問題の検査］→［ドキュメント検査］をクリックし（❶）、［ドキュメントの検査］ダイアログで［ドキュメントのプロパティと個人情報］にチェックをつけて（❷）、［検査］をクリック（❸）

● 個人情報削除を実行する

検査結果が表示されるので［すべて削除］をクリックすると（❶）、個人情報が削除される（❷）

● ファイルのプロパティから削除する

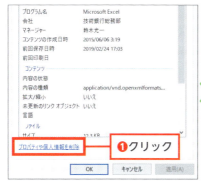

個人情報を削除したいエクセルのファイルを右クリックし、［プロパティ］をクリック。［プロパティ］ダイアログの［詳細］タブで［プロパティや個人情報を削除］をクリックし（❶）、［このファイルから次のプロパティを削除］を選択（❷）。［すべて選択］をクリックする（❸）

ATTENTION

　PDFに変換して公開する際は、もう1つ注意すべき点があります。変換時のブック名がPDFのタイトルとしてプロパティに含まれることです。PDF変換後に、Acrobat Readerでプロパティを確認してみましょう。この情報を削除するには、有料版のAcrobatが必要です。大企業でもやってしまいがちなので、注意しましょう。

6-14 コピー不可能な状態でブックを送信したい

時短10分

ブックの内容そのものは秘密ではないが、コピーして複製を作られたくないことがあるでしょう。そういうときは、[シートの保護] 機能を使います。

[シートの保護] 機能を利用する

たくさんの数字をうまく表にまとめて、美しいグラフなどで作り上げたブックをそのままコピーされると困る場合、どうすればいいでしょうか。ブック全体にパスワードをかけると、読み取り時にパスワードが必要になっても、いったん開いたらコピーし放題です。

そんなときは、[シートの保護] 機能を利用してセルの選択ができないようにしてしまいましょう。セルが選択できないので、どんな関数を使っているかもわかりません。

● シートの保護を実行する

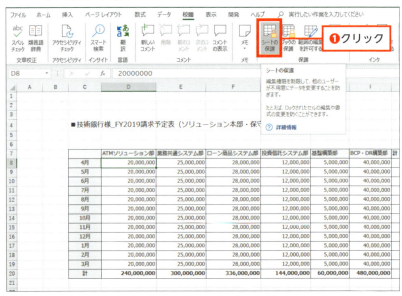

値を変更させたくないシートを選択して [校閲] タブの [保護] グループで [シートの保護] をクリック ❶

● ダイアログで設定する

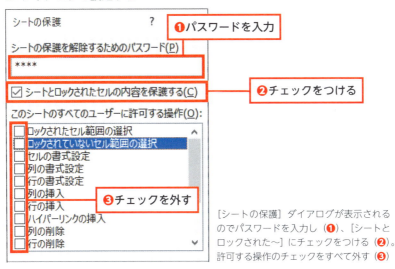

[シートの保護] ダイアログが表示されるのでパスワードを入力し（❶）、[シートとロックされた〜] にチェックをつける（❷）。許可する操作のチェックをすべて外す（❸）

● シートが保護されてセルの選択ができなくなった

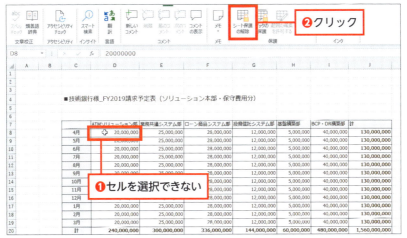

保護を行うとセルが選択できなくなる（❶）。解除する場合は [校閲] タブの [保護] グループで [シート保護の解除] をクリック（❷）

> **POINT**
>
> シートの保護機能は、中身を変更できないようにするだけで、中身を読み取れないようにする機能ではありません。読み取りを制限したいなら、[校閲] タブの [保護] グループで [ブックの保護] からパスワードを設定します。

6-15 たくさんシートのあるブックで、一瞬で目的のシートに移動したい

時短10分

シートがたくさんあると、ショートカットキーを使ってもシートの切り替えにはかなり時間がかかります。何とかならないでしょうか。

「目次シート」からリンクを張る

エクセルの弱点の1つでもあるのですが、シートが増えてくると、全体の見通しが極端に悪くなってきます。その事態を少しでも改善したいとき、ショートカットキーを使って高速にシートを切り替えることを考えるのがふつうでしょう。しかし、実際には画面の一番下に収まりきらないほど、シートが増えてしまうと、どうしても時間がかかってしまいます。

そういう場合は、<u>「目次シート」を作成して、クリックするだけで目的のシートを表示できるようにしてみましょう</u>。

● 複数のシートに1つのシートからリンクする

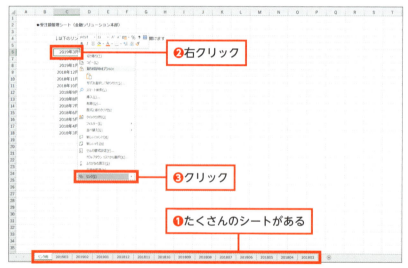

月次ごとにシートを作ってデータを集計していると、たくさんのシートができてしまう（❶）。そんなときに便利なのが［リンク］機能だ。リンク用のシートを1つ作成し、図のようにシートと対比する項目を入力。その項目を右クリックし（❷）、［リンク］をクリックする（❸）

● リンク先を設定する

[ハイパーリンクの挿入]ダイアログが表示されるので[このドキュメント内]をクリックし(❶)、リンク先となるシート名を選択する(❷)

● リンク先を確認して他の項目のリンクを設定する

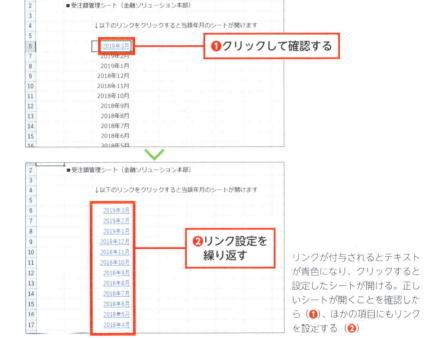

リンクが付与されるとテキストが青色になり、クリックすると設定したシートが開ける。正しいシートが開くことを確認したら(❶)、ほかの項目にもリンクを設定する(❷)

　なんでもショートカットキーで済ませようとすると、かえって作業時間が増えてしまうこともあります。本当に時短を突き詰めたいなら、トータルで考えたときに作業時間が減る方法を採れるように、常に試行錯誤を繰り返す必要があります。

エクセルを開いたら必ず同じシート、同じセルを選択状態にしたい

時短20分

多数のシートを含むブックに頻繁に入力する場合、保存のタイミングによっては、開いたときに表示されるシートが毎回バラバラになってしまいます。意外とうっとうしく感じるこの現象を何とかできないでしょうか。

🕐 初期表示に使うシート名とセルの番地をマクロでセット

　複数の人が使用するブックで、似たような見た目の集計用シートと入力用シートがあるとき、誤って集計用シートに入力してしまうと、あとで大変なことになってしまいます。

　そのような事態を避けるには、ブックを保存する際に特定のシート、特定のセルを選択した状態で保存すればいいのですが、編集するシートやセルが毎回まちまちだと面倒です。この問題を解決したいなら、**初期表示のシートと選択するセルをマクロで固定しておくと、ミスを劇的に減らすことができます**。

　マクロには、「ブックを開いたときに必ず行う動作」を定義することができます。これを「イベント」といいます。今回はブックを開いたときのイベントである［Open］の中に、シートとセルを選択するコードを記述します。あくまで初期状態で表示するシートとセルを定義するだけで、そのシートやセル以外を開いたり選択したりができなくなるというわけではありません。

● 初期表示するシートとセルを確認してVBAエディターを開く

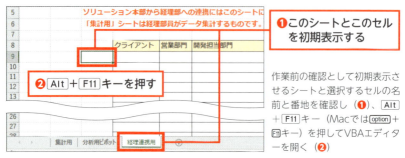

❶このシートとこのセルを初期表示する

❷[Alt]+[F11]キーを押す

作業前の確認として初期表示させるシートと選択するセルの名前と番地を確認し（❶）、[Alt]+[F11]キー（Macでは[option]+[fn]キー）を押してVBAエディターを開く（❷）

● エクセルの起動時に行う動作を記述する

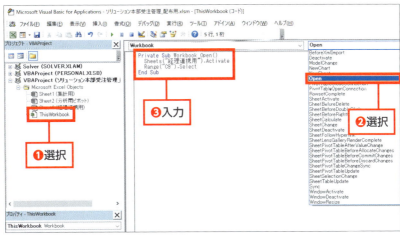

VBAエディターで[ThisWorkbook]を選択し(❶)、上の左カラムで[Workbook]を選択後、右カラムで[Open]を選択する(❷)。自動でFunction〜End Subが入力されるのでその間に、以下のコードを入力する(❸)。「初期表示するシート」にはシート名を、「初期選択するセル」にはセル番号を入力すればよい

Sheets("初期表示するシート").Activate
Range("初期選択するセル").Select

> **COLUMN**
> **データの作り方でそのあとの効率が大きく変わる！**
>
> 下の表を見てください。左の表は一見、よくまとまっているように見えます。ここから加工する必要がなければ、これでもいいのですが、もしほかのデータを計算して各セルの数値を入力しているとしたら、そんなに無駄なことはありません。右の表のようにリスト形式で入力しておけば、テーブルに変換して集計したり、ピボットテーブルでさらに複雑な集計をしたりできます。データが多ければ多いほど、リスト形式のメリットも大きくなるので、加工したいデータはぜひ右のように作るようにしてください。

6-17 ふりがなデータを持たない文字列にふりがなをふるには

時短60分

エクセルで入力した文字は、セルの中にふりがなデータが入っているので、PHONETIC関数で取り出せます。しかし、コピー＆ペーストで持ってきたデータの場合には、取り出すことができません。

独自の関数を定義して、ふりがなを取得する

PHONETIC関数でふりがながふれないなら、独自関数を作ってふりがなを取得しましょう。独自関数というと、難しそうに感じるかもしれませんが、マクロに3行ほどコードを追加するだけですぐに作れてしまいます。その中身は、マクロでしか使えない「Application.GetPhonetic」というコードを呼び出すためのものです。マクロ形式でファイルを保存することになりますが、独自関数はそのマクロファイルの中だけでしか使えないことに留意して使いましょう。

● PHONETIC関数でフリガナを入力

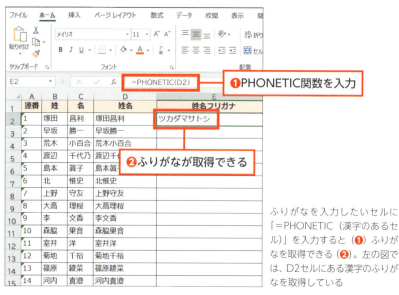

❶PHONETIC関数を入力

❷ふりがなが取得できる

ふりがなを入力したいセルに「＝PHONETIC（漢字のあるセル）」を入力すると（❶）ふりがなを取得できる（❷）。左の図では、D2セルにある漢字のふりがなを取得している

ふりがなデータを持たない文字列にふりがなをふるには

● ふりがなが取得できない場合はマクロを作成する

ブラウザーなどほかの場所から取得したデータの場合は、PHONETIC関数ではふりがなを取得できない（❶）。その場合は、独自関数を作成して利用すると効率がよい。Alt＋F11キー（Macではoption＋fnキー）を押して（❷）、VBAエディターを開く（❸）。［VBA Project（ファイル名）］を右クリックし（❹）、［挿入］→［標準モジュール］の順にクリック（❺）

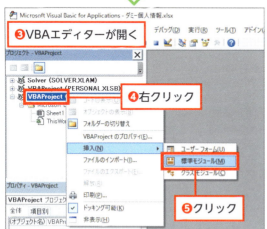

● ふりがなを取得する独自関数を作成する

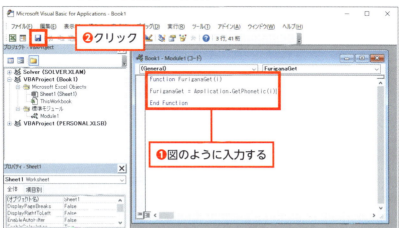

ふりがなを取得する独自関数「FuriganaGet」を作成する。図のようにFunction～End Functionまでのソースコードを入力し（❶）、［保存］ボタンをクリック（❷）。次のダイアログでマクロを有効にする

● Excelマクロとして保存する

マクロはファイルの拡張子が「.xlsm」となる。［ファイルの種類］で［Excelマクロ有効ブック］を選択し、ファイル名を入力する（❶）

● 独自関数を使ってふりがなを取得してみる

作成したFuriganaGet関数を使う。ふりがなを入力したいセルに［＝FuriganaGet（漢字のあるセル）］を入力すると（❶）、ふりがなを取得できる（❷）。図では、D3セルにある漢字のふりがなを取得した。うまく取得できない場合はVBAのコードが誤っているので、もう一度VBAエディターを開いて修正する